世界科普
名著译丛

物理学的进化
The Evolution of Physics

〔美〕阿尔伯特·爱因斯坦
〔波〕利奥波德·英费尔德　　著

张卜天　译

商务印书馆
The Commercial Press

Albert Einstein, Leopold Infeld

THE EVOLUTION OF PHYSICS

Copyright © 1967 by Touchstone

根据 Touchstone 出版社 1967 年版译出

本书翻译受北京大学人文社会科学研究院资助

爱因斯坦（Albert Einstein，1879—1955）与
英费尔德（Leopold Infeld，1898—1968）

《世界科普名著译丛》总序

　　科学是现代人认知世界最重要、最通行的途径，也是现代世界观的基础。它是认识一切现代思想行为最基本的参照系。不了解科学，就无法理解现代世界的运作方式，对种种现象也会感到茫然失措。在这个意义上，每一个现代人都应当了解起码的科学思想，具备基本的科学思维能力。学习科学绝非专属于理科生的任务，而是人文素养和通识教育必不可少的重要组成部分。

　　对于普通大众来说，要想了解科学，最方便可行、也最能给人以精神享受的途径大概是阅读一些优秀的科普作品。经典的科普名著能够深刻影响人的一生，而且不会很快过时。然而，现在市面上大多数科普作品要么是一些零碎科学知识的拼凑，从中看不出科学思想的任何来龙去脉和源流演变，要么总在讨论"人工智能""量子纠缠""大数据""区块链"等一些流行时髦的技术应用话题。许多读者尚不具备基本的科学知识，却急于求成，唯恐落后于时代，盲目追求所谓的时代前沿和未来趋势。为了迎合这种或多或少被刻意营造出来的欲望，市场上出现了许多过眼云烟、无甚价值的读物，全然不顾读者们的基础和适应能力。在出版市场的这种无序乱象背后，急功近利的心态和信息焦虑的情绪一目了然。

　　与国外相比，中国罕有特别优秀的科普作品。一个重要的原因就在于，中国的科学家往往习惯于把科学看成现成的东西，而不注重追根溯源。一本书读下来，读者能够学到不少客观的科学知识，但却置身事外、毫无参与感，根本认识不到那些科学观念是如何在一个个活生生的人那里，伴随着什么样的具体困惑和努力而逐渐演进的，更体会不到科学与历史、文化之间的深刻联系。然而，科学并不是在真空中成长起来的，每一步科学发展都有对先前的继承和变革。因此，科学普及应把科学放到具体的历史和文化中，正本清源地揭示出科学原有的发展历程。科普不仅涉及对科学知识的普及，更涉及对科学思想和科学文化的普及。

　　在笔者看来，当今大多数中国人最需要补充的科学内容仍然属于高中和本科水平。许多缺乏理科背景的人对相关内容其实很感兴趣，但面对着市场上鱼龙混杂的读物，选择起来无所适从。基于这种考虑，笔者不揣浅陋地接受了商务印书馆的邀请，着手主编这样一套《世界科普名著译丛》。本译丛以保证学术品味和翻译质量为前提，拟遴选一些堪称世界经典的科普名著，其内容既非过于粗浅，亦非过于高端，或者一味迎合流行趣味，而是能够生动活泼、正本清源地讲解科学思想的发展，使人获得精神上的享受，同时又能对科学技术有更深刻的反思。希望读者们在忙于用脑思考的同时，也能学会用心思考，从而更好地感受、领悟和热爱这个世界。

张卜天

清华大学科学史系

2018 年 6 月 3 日

目　　录

新 版 序

本书第一版问世于二十多年前。后来，本书的主要作者爱因斯坦去世了，他也许是古往今来最伟大的科学家和最和蔼的人。本书问世以后，物理学又有了空前的发展。核科学和基本粒子理论的进展以及对宇宙空间的探索已经足以说明问题。不过本书只讨论物理学的重要观念，它们本质上没有变化，所以无需对书中内容作出修改。就我所能看到的而言，稍作几处改动就够了。

首先，本书并非历史叙述，它讨论的是观念的进化。因此，书中给出的时间往往是近似的，常常以"很多年以前……"的形式来表达。例如，在第四章"量子"的"光谱"一节中，我们是这样写玻尔的："他于25年前提出的理论……"。由于本书于1938年首次出版，所以"25年前"指的是1913年，即玻尔论文发表那一年。读者必须记住，所有类似的表述都是相对于1938年说的。

第二，在第三章"场，相对论"的"以太和运动"一节中，我们写道："这两个例子并没有什么不合理的地方，只不过我们都必须以大约400码每秒的速度奔跑。但我们可以想象，随着未来技术的进一步发展，这样的速度是可以实现的。"如今大家都知道，喷气式飞机的速度已经超过了声速。

第三，在第三章的"相对论与力学"一节中，我们写道："……从最轻的氢到最重的铀……"这种分类已经不再正确，因为铀不再是最重的元素。

第四，在第三章的"广义相对论及其验证"一节中，我们对水星的近日点移动是这样写的："由此可见，这种效应非常之小，距离太阳更远的行星更没有希望发现这个效应。"最近的一些测量表明，这种效应不仅对水星是正确的，对其他行星也是正确的。它虽然很小，但与理论似乎很一致。也许在不久的将来，可以就人造卫星来检验这种效应。

在第四章"量子"的"几率波"一节中，我们对单电子的衍射是这样写的："不用说，这是一个理想实验，它无法实际做出来，但很容易想象。"值得一提的是，1949 年，苏联物理学家法布里坎特（V. Fabrikant）教授和他的同事们已经做实验观察到了单电子的衍射。

有了这几点修改，本书就能跟上时代了。我不愿把这几处小小的改动加到正文中，因为我觉得这本书既然是和爱因斯坦一起写的，那就应该让它保持原样。让我感到欣慰的是，这本书在他去世后依然魅力不减，就像他的所有著作一样。

华沙，1960 年 10 月

利奥波德·英费尔德

原　序

　　在开始阅读之前，你一定期待我们回答几个简单的问题：写这本书的目的是什么？它是为哪些读者写的？

　　如果现在就要清楚明白地回答这些问题，同时又让人信服，那是非常困难的。待你读完整本书之后再来回答会容易许多，但那时又不必要了。我们觉得，说清楚本书不打算做什么倒更简单一些。我们并非在编写物理学教科书，书中并没有系统讲述基本的物理事实和理论。毋宁说，我们想粗略描述人的心灵是如何发现观念世界与现象世界的联系的。我们试图表明，是什么样的动力迫使科学发明出了符合现实世界的观念。但我们的描述必须简单，必须选择在我们看来最为典型和重要的路径来穿越事实和概念的迷宫。至于这条路径没有触及的那些事实和理论，则不得不被略去。既然我们的总体目标是描述物理学的进化，就必须对事实和观念作出明确选择。一个问题的重要性不应由它所占的篇幅来判断。有几条重要思路被略去不讲，并非因为它们不重要，而是因为不在我们选择的路径上。

　　我们在写这本书的时候，曾就想象中的读者的特征作过长时间讨论，尽可能处处为其着想。我们设想他缺乏任何具体的物理学和数学知识，但他的许多优秀品质足以弥补这些缺憾。我们相信他对物理学和哲学的观念感兴趣，会耐心钻研书中比较无趣和难懂的段落。他意识到，要想看懂其中任何一页，就必须认真阅读前面的内容。他也知道，即使是一本通俗的科学著作，也不能像读小说一样去读它。

　　这本书是你我之间的闲谈。无论你觉得它枯燥乏味、沉闷无趣，还是妙趣横生、令人兴奋，只要它能使你领略到善于创造的人类为了更好地理解支配物理现象的规律而付出的不懈努力，我们的目的就达到了。

阿·爱因斯坦

利·英费尔德

第一章 力学观的兴起

1. 绝妙的侦探故事

我们设想有一个完美的侦探故事。这个故事将所有重要线索都展示出来，我们不得不就事情的真相给出自己的理论。如果仔细研究故事情节，那么不等作者在书的结尾透露实情，我们就会得到完满的解答。与那些低劣的侦探故事不同，这个解答不会让我们失望，而且还会在我们期待它的那一刻出现。

一代又一代的科学家持之以恒地力图揭示自然之书的秘密。能否把他们比作这样一本侦探小说的读者呢？这个类比是错误的，以后不得不放弃。但它也有一定道理，也许可以对其加以扩展和修改，使之更符合科学揭示宇宙奥秘的努力。

这个绝妙的侦探故事至今尚未得到解答，我们甚至不能肯定它是否有一个终极答案，但阅读这个故事已经使我们受益颇丰：它教我们学习自然的基本语言，使我们掌握了诸多线索，在科学艰难跋涉时每每会给人带来愉悦和振奋。然而我们意识到，尽管我们阅读和研究过的书已经不少，但如果存在着一个完满的解答，那这个解答距离我们还很远。在每一个阶段，我们都想找到与已有线索完全符合的解释。我们试探性地接受了各种理论，虽然它们解释了许多事实，但与所有已知线索都相容的一般解答尚未发展出来。往往会有这样的情况出现：一个理论看起来似乎很完美，但进一步了解就会发现它并不恰当。新的事实出现了，它们与旧理论相矛盾，或者不能用旧理论来解释。我们读得越多，就越能充分理解这本书的完美结构，尽管随着我们的前进，完满的解答似乎在离我们而去。

自从柯南·道尔（Conan Doyle）写出那些绝妙的故事，几乎所有侦探小说都会包含这样一个时刻，此时侦探已将他所需的、至少是问题的某个阶段所需的所有事实搜集齐备。这些事实往往看起来很奇特，支离破碎，彼此毫不相关。但这位大侦探知道此时不需要再继续侦察了，只要静下心来想一想就能把搜集到的事实联系起来。于是他拉拉小提琴，或者躺在安乐椅上抽抽烟，突然他灵机一动，答案找到了！他现在不仅能够解释已有的线索，还能知道其他一些事件必定已经发生。既然已经很清楚应该到哪里去寻找，如果愿意，他可以离开屋子，为其理论搜寻进一步的证据。

阅读自然之书的科学家必须亲自去寻找答案。他不能像急性子的读者在阅读其他故事时那样，常常翻到书末去看结局。在这里，他既是读者又是侦探，至少在部分程度上要尝试解释各个事件与其丰富背景之间的关系。即使是想获得问题的部分解决，科学家也必须搜集漫无秩序的事实，通过创造性的思想使之变得连贯和可以理解。

接下来，我们打算对物理学家的工作作一概述，他们的工作就相当于侦探的纯粹思考。我们将主要关注思想和观念在不畏艰险地认识大自然的过程中所起的作用。

2. 第一条线索

人类从有思想以来，就一直在尝试解读这个绝妙的侦探故事。然而，直到三百多年前，科学家才开始理解这个故事的语言。从那时起，也就是从伽利略和牛顿的时代开始，解读的速度就快多了。侦察技术，也就是系统地寻找和追踪线索的方法被陆续发展出来。虽然某些自然之谜似乎已经得到解决，但进一步研究就会发现，其中许多解决方案只是暂时和表面的。

有一个非常基本的问题，那就是运动问题。几千年来，它因为复杂而令人费解。我们在自然之中看到的所有那些运动，比如抛到空中的石头的运动，海上航船的运动，手推车在街上的运动，其实都极为复杂。要想理解这些现象，最好是从最简单的情况入手，然后逐渐过渡到更复杂的情形。假定有一个不作任何运动的静止物体。要想改变这样一个物体的位置，必须给它施加某种影响，比如推它，提它，或者让马、蒸汽机等物体作用于它。我们直觉上认为，运动是与推、提、拉等动作联系在一起的。日常经验使我们进一步相信，要使一个物体运动得更快，必须用更大的力推它。对物体施加的作用越强，其速度也就越大，这似乎是一个自然的结论。四匹马拉的车要比两匹马拉的车跑得更快。于是直觉告诉我们，速度本质上与作用有关。

读过侦探小说的人都知道，一条错误的线索往往会把故事情节打乱，以致迟迟得不到解答。以直觉为主导的推理方法是靠不住的，它导致错误的运动观念持续了数个世纪。亚里士多德在整个欧洲享有至高权威，这可能是人们长期相信这个直觉观念的主要原因。在两千年来一直被归于他的《力学》（*Mechanics*）中，我们读到：

> 当推一个物体运动的力不再推它时，该运动物体便归于静止。

伽利略的发现及其对科学推理方法的运用是人类思想史上最重要的成就之一，标志着物理学的真正开端。这个发现告诉我们，基于直接观察的直觉结论并不总是可靠的，因为它们有时会引向错误的线索。

但直觉错在哪里呢？说四匹马拉的车必定比两匹马拉的车跑得更快，难道会有错吗？

让我们更仔细地考察一下运动的基本事实，先从人类自文明之初就已经熟知的、在艰苦的生存斗争中获得的简单日常经验开始。

假如有人推着一辆小车在平地上行走，然后突然停止推它，那么小车不会立即静止，而会继续运动一小段距离。我们问：如何才能增加这段距离呢？有许多办法，比如给车轮涂上润滑油，使路面变光滑，等等。车轮转动越容易，路面越光滑，小车就能继续运动越远。但是，给车轮涂上润滑油和使路面变光滑究竟起了什么作用呢？只有一种作用，即减少了外界影响。车轮内部以及车轮与路面之间的摩擦力所产生的影响减小了。这已是对观察证据的一种理论解释，事实上，这种解释仍然是武断的。再往前迈进一步，我们就将得到正确的线索。设想路面绝对光滑，车轮也毫无摩擦，那么小车就不会受到什么东西阻碍，它将永远运动下去。只有借助一个永远无法实际做到的理想实验才能得出这个结论，因为不可能实际消除所有外界影响。这个理想实验显示了真正构成运动的力学基础的线索。

比较一下处理这个问题的两种方法，我们可以说，直觉的观念是：作用越大，速度也就越大。因此，速度表明了是否有外力作用于物体之上。而伽利略发现的新线索是：如果一个物体既没有被推拉，也没有以任何方式被作用，或者更简单地说，如果没有外力作用于它，那么该物体将会沿一条直线永远匀速运动下去。因此，速度并不表明是否有外力作用于物体之上。过了些年，牛顿把伽利略的这个正确结论当作惯性定律提了出来。通常情况下，我们在学校里学习物理学时最先记住的就是这条定律，有些人也许还记得它：

> 任何物体都会保持其静止或匀速直线运动状态，除非有外力迫使其改变这种状态。

我们已经看到，这条惯性定律不能直接从实验中推导出来，而只能通过与观察相一致的思考而得出。理想实验使我们对实际的实验有了深刻的理解，但永远也不可能实际做出来。

我们周围的世界中有各种复杂的运动，我们从中选择匀速运动作为第一个例子，这是最简单的运动，因为没有外力的作用。但匀速运动是永远无法实现的。从塔上抛下的石头，沿路推行的小车，永远也不可能绝对匀速地运动，因为外力的影响无法完全消除。

在好的侦探故事中，最明显的线索往往会引起错误的质疑。我们同样发现，在尝试理解自然定律的过程中，最明显的直觉解释往往是错误的。

人的思想创造出了一幅不断变化的宇宙图景。伽利略的贡献就在于破坏了直觉看法，并且用新的观点取而代之。这正是伽利略所作发现的意义。

但是关于运动，立即又产生了一个新的问题。既然速度并不能指示作用于物体的外力，那么什么才可以呢？伽利略发现了这个基本问题的答案，牛顿则给出了更为简洁的回答，它成了我们侦察中的另一条线索。

为了得到正确的答案，我们需要对绝对光滑路面上的小车作更为深入的思考。在我们的理想实验中，运动之所以匀速，是因为没有任何外力。现在设想沿着车子的运动方向推它一下，这时会有什么情况发生呢？显然，它的速度会增加。同样，如果沿相反方向推它一下，则速度会减小。在第一种情况下，小车因被推而加速；在第二种情况下，小车因被推而减速。由此可以得出结论：外力的作用会改变速度。因此，推和拉不会产生速度本身，而会导致速度的变化。这样一个力究竟是使速度增加还是减小，全看它是沿着运动方向作用还是逆着运动方向作用。伽利略清楚地认识到了这一点，他在《两门新科学》（*Two New*

Sciences）中这样写道：

> ……只要引起加速或减速的外部原因不存在，运动物体将会始终保持已有的任何速度——只有在水平面上才可能实现这个条件，因为就斜面运动而言，朝下运动已经有了加速的原因，朝上运动则已经有了减速的原因。由此可知，只有水平面上的运动才是持久的，因为如果速度是均匀的，那么速度不会减小或减弱，更不会被消灭。

循着这条正确的线索，我们就对运动问题有了更深的理解。力与速度的变化有关，而不像我们直觉地那样与速度本身有关，这正是牛顿建立的经典力学的基础。

我们一直在使用力和速度的变化这两个概念，它们在经典力学中扮演着重要角色。在科学后来的发展过程中，这两个概念都得到了扩展和推广。因此，我们必须对其作出更细致的考察。

力是什么呢？我们能够从直觉上感受到这个词的含义。这个概念产生于推、抛、拉等努力，产生于伴随着这些动作的肌肉感觉。但它所概括的远远不只是这些简单的例子。我们可以设想一些力，它们并不像马拉车那样简单。我们讲的是太阳与地球之间、地球与月亮之间的引力，即造成潮汐的那些力；我们讲的是地球把我们和周围的所有物体都保持在其影响范围之内的力，以及产生海浪和吹动树叶的风力。只要我们在某时某地观察到了速度的变化，在一般意义上它必定是由某种外力引起的。牛顿在其《自然哲学的数学原理》(*Principia*)中写道：

> 作用力是施加于物体以改变其静止或匀速直线运动状态的一种作用。
>
> 这个力只存在于作用中，一旦作用终止，便不再存在于物体中，因为物体仅凭惯性就可以保持它所获得的任何一种新状态。作用力有不同的来源，比如来自撞击、挤压和向心力等。

从塔顶丢下的石头的运动并非匀速，其速度会随着石头的下落而增加。我们断定，有外力在沿着运动的方向起作用。换句话说，地球在吸引石头。再举个例子。把石头直着向上抛，会发生什么情况呢？它的速度会逐渐减小，到达最高点后则开始下落。上抛物体的减速和下落物体的加速是由同一个力引起的。不过在一种情况下，力是沿着运动的方向起作用，而在另一种情况下，力是逆着运动的方向起作用。力是同一个，但它根据石头是下落还是上抛而导致加速或减速。

3. 矢量

以上我们考察的所有运动都是直线的，也就是沿一条直线的运动。现在我们必须再往前走一步。要理解自然定律，应当先来分析最简单的案例，舍去复杂情形。直线比曲线简单。但我们不可能只满足于了解直线运动。力学原理已经得到成功运用的月球、地球和行星的运动，都是沿着曲线轨道的运动。从直线运动过渡到曲线运动会带来新的困难。要想理解经典力学的原理，就必须勇于克服这些困难。经典力学给了我们第一条线索，因此成为科学发展的起点。

让我们考虑另一个理想实验。设想有一个完美的球在光滑的桌子上匀速滚动。我们知道，假如推这个球一下，也就是对它施以外力，它的速度就会改变。现在假定与前面小车的例子不同，推的方向不是沿着运动方向，而是沿着另一个方向，比如与这条线垂直，那么这个球会发生什么情况呢？我们可以区分出三个运动阶段：初始运动，外力的作用，以及外力停止作用后的最终运动。根据惯性定律，外力作用之前和作用之后，速度都是绝对均匀的。但是，外力作用之前的匀速运动不同于外力作用之后的匀速运动，因为方向发生了改变。球的初始路径垂直于外力的方向。最终的运动不会依循这两条直线中的任何一条，而会介于二者之间：如果推得重而初速小，它就靠近力的方向；如果推得轻而初速大，它就靠近初始运动的路线。于是，我们根据惯性定律得到的新结论是：一般说来，外力的作用不仅会改变速率，而且会改变运动方向。理解了这个事实，就为我们在物理学中引入矢量这个概念做好了准备。

我们可以运用我们直接的推理方法，出发点仍然是伽利略的惯性定律，继续从解决运动难题的这个极有价值的线索中推导出许多结论。

设想在光滑的桌面上朝不同方向运动的两个球。为了形成明确的图像，可以假定这两个方向相互垂直。由于没有外力作用，球的运动是完全匀速的。再假定它们的速率也相等，也就是说，它们在相同的时间间隔内走过相同的距离。但如果说这两个球有相同的速度，这是否正确呢？回答可以是是或否！倘若两辆汽车的示速器上都显示 40 英里每小时，我们通常会说它们有相同的速率或速度，无论它们朝哪个方向开。但科学必须创造出自己的语言和概念以供己用。科学概念的出发点往往是日常语言中用于日常生活事务的那些概念，但其发展则完全不同：它们发生了转变，失去了日常语言中与之相关联的模糊性而获得了严格性，从而可以用于科学思想。

物理学家会说，朝不同方向运动的两个球的速度是不同的。虽然这纯属约定，但这样说要更为方便：从同一地点沿不同道路行驶的四辆汽车，即使示速器上记录的速率都是 40 英里每小时，其速度也是不同的。速率与速度的这种区分表明了物理学如何从日常概念出发，然后加以改变，使之在科学的未来发展中富有成果。

在测量长度的时候，我们可以用若干个单位来表达结果。一根棍子的长度也许是 3 英尺 7 英寸；某个物体的重量也许是 2磅 3 盎司；一段时间间隔可以是多少分多少秒。在每一种情况下，测量结果都是用一个数来表达的。然而，单凭一个数还不足以描述某些物理概念。认识到这一点乃是科学研究的一大进步。例如，要想刻画速度，方向和数值都是至关重要的。像这样一个既有大小又有方向的量被称为矢量，表示它的符号通常是一个箭头。速度就可以用一个箭头或矢量来表示，其长度是以某种选定的单位来衡量的速率，其方向则是运动的方向。

如图所示，如果四辆汽车从同一地点以相同的速率朝四个方向开出，则它们的速度可以用四个等长的矢量来表示。图中使用的比例尺为 1 英寸代表 40 英里每小时。这样一来，任何速度都可以用一个矢量来表示。反过来，如果比例尺已知，那么根据这种矢量图就可以确定速度。

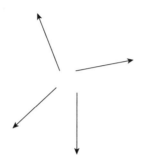

　　假定两辆汽车在路上彼此经过，且示速器上都显示 40 英里每小时，则我们可以用箭头指向相反方向的两个矢量来表示它们的速度，正如地铁列车指示"上行"、"下行"的箭头必须指向

相反的方向。不过所有上行列车，无论经过哪个车站，或者在哪条线路上行驶，只要速率相同，都有相同的速度，这个速度可以用一个矢量来表示。矢量并没有说明列车经过哪一个车站或者沿着平行轨道中的哪一条在行驶。换句话说，根据习惯，图中所

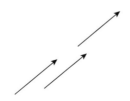

有这些矢量都可以认为是相等的；它们处于相同或平行的直线上，长度相等，箭头指向同一方向。接下来一幅图显示的矢量各不相同，因为它们要么长度不同，要么方向不同，要么长度和方

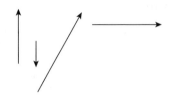

向都不同。还可以用另一种方式来画这四个矢量，使之从同一点岔开。由于出发点并不重要，所以这些矢量既可以表示从同一地点开出的四辆汽车的速度，也可以表示在不同地点以指定的速率和方向行驶的四辆汽车的速度。

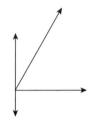

现在可以用这种矢量图示来描述前面讨论的直线运动的情况。我们曾经谈到，沿直线作匀速运动的小车，只要沿着它的运动方向推一下，它的速度就会增加。这可以用图表示成两个矢量：短矢量表示推之前的速度，长矢量表示推之后的速度，与前者方向相同。虚线矢量的含义很清楚，它表示因推而产生的速度

变化。如果力的方向与运动方向相反，运动慢了下来，那么图会稍有不同。虚线矢量同样表示速度的变化，但此时它的方向却是

不同的。显然，速度本身和速度的变化都是矢量。但速度的任何变化都是由于外力的作用，因此力必须用矢量来表示。为了刻画一个力，只说我们使了多大劲来推小车是不够的，还应当说明我们朝哪个方向来推。力，就像速度和速度的变化一样，必须用一个矢量而不能单用数值来表示。因此，外力也是一个矢量，而且必须与速度变化的方向相同。在上两幅图中，虚线矢量既显示了速度的变化，又表明了力的方向。

这里怀疑论者也许会说，他看不出引入矢量有什么好处。以上所做的只是把业已知道的事实翻译成一种陌生而复杂的语言而已。在目前这个阶段，的确很难说服他相信自己是错的。事实上，他暂时是对的。但我们将会看到，正是这种奇怪的语言引出了重要的推广，矢量在其中似乎是必不可少的。

4. 运动之谜

如果只考察直线运动，我们就远不能理解自然界中的许多运动。我们必须考虑曲线运动，下一步就是要确定出支配这些运动的定律。这绝非易事。事实证明，在直线运动的情况下，速度、速度的变化、力等概念是很有用的，但如何把它们应用于曲线运

动，却并非一目了然。我们甚至可以设想，旧概念已经不适合描述一般运动，必须创造出新的概念。我们应当尽量循着旧路走，还是另寻一条新路呢？

在科学中，我们常常会把概念加以推广。推广的方法并非只有一种，通常会有很多方式来实现。不过，无论是哪一种推广，都必须严格满足一个要求：如果原有的条件得到了满足，任何推广的概念都必须归于原有的概念。

利用目前正在讨论的例子，我们可以很好地说明这一点。我们可以试着把速度、速度的变化和力等旧概念推广到曲线运动。从专业上讲，在谈到曲线时，我们已经把直线包含了进去。直线是曲线的一个平凡特例。因此，如果把速度、速度的变化和力用于曲线运动，它们就自动被用于直线运动。但这个结果不应与之前得到的结果相矛盾。如果曲线变成了直线，那么所有推广的概念都必须归于描述直线运动的旧概念。但这样一个限制不足以唯一地决定如何推广，而是还留有多种可能性。科学史表明，即使连最简单的推广也是有时成功，有时失败。我们必须首先作出猜测。就目前这个例子而言，很容易猜出正确的推广方法。事实证明，新的概念非常成功，它既能帮助我们理解行星的运动，又能帮助我们理解抛出石头的运动。

在曲线运动的一般情形中，"速度"、"速度的变化"和"力"这些词是什么意思呢？先谈谈"速度"。假定有一个很小的物体沿着曲线从左向右运动，这样一个小物体通常被称为"质点"。在下图中，曲线上的点表示质点在某一时刻的位置。对应于这个时刻和位置的速度是什么呢？伽利略的线索再次暗示了引入速度的方法。我们必须再次运用想象力去设想一个理想实验。在外力的影响下，质点沿曲线从左到右运动。假定某一时刻在图中的点上，所有这些力都突然停止作用，那么根据惯性定律，运动必定是匀速的。当然，我们实际上永远也不可能使物体完全摆脱外界的影响。我们只能推测"如果……，那么会发生什么情况？"，再根据由此得出的结论以及它们是否与实验相一致来判断我们的推测是否恰当。

接下来一幅图中的矢量表示所有外力都消失时所猜测的匀速运动方向，那就是所谓的切线方向。如果透过显微镜来看一个运动着的质点，我们会看到一个非常小的曲线部分，它显现为一小段弦。切线就是它的延长线。于是，所画的矢量表示给定时刻的速度。速度矢量就在切线上，它的长度表示速度的大小，比如汽车示速器上显示的速率。

我们不能把破坏运动以寻求速度矢量的这个理想实验看得太认真。它只是为了帮助我们理解应把什么东西称作速度矢量，以及就给定的时刻和地点确定速度矢量。

下一幅图中绘出的三个速度矢量对应于一个质点沿曲线运动时的三个不同位置。这里，速度的方向和大小（如矢量的长度所示）都是随运动而变化的。

　　这个新的速度概念是否满足针对一切推广所提出的要求呢？换句话说，倘若曲线变成了直线，它是否也能归于我们所熟悉的速度概念呢？显然是这样。直线的切线就是这条线本身。速度矢量位于运动的线上，运动的小车或滚动的球体的情况就是如此。

　　接下来要引入作曲线运动的质点的速度变化。这同样有各种方式，我们选择其中最为简单和方便的。上一幅图中的几个速度矢量表示路上各个点处的运动。可以把前两个矢量画成有一个共同的起点，我们已经知道，对于矢量来说是可以这样做的。

我们把虚线矢量称为"速度的变化"。它的起点是第一个矢量的末端，终点则是第二个矢量的末端。初看起来，对速度变化的这个定义不仅人为，而且没有意义。在矢量 1 和矢量 2 方向相同的特殊情况下，这个定义要清楚得多。当然，这意味着回到了直线运动的情形。如果这两个矢量有相同的起点，那么虚线矢量仍然是把它们的终点连接起来。现在，此图与前面那幅图完全相同，以前的概念重新成为新概念的一种特殊情形。需要指出的是，在图中我们不得不把两条线分开，因为否则它们就重合在一起无法区分了。

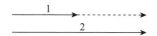

现在我们来做最后一步推广，也是我们迄今所作猜测中最重要的一个。必须建立起力与速度变化之间的关联，以找到一条线索来理解一般的运动问题。

用来解释直线运动的线索很简单：外力使速度发生了变化，力矢量与速度变化的方向相同。那么，曲线运动的线索是什么呢？完全一样！仅有的差别是，现在速度变化的意义比以前更宽泛了。只要看一下前两幅图中的虚线矢量，就能清楚地显示这一点。如果曲线上每一点的速度都已知，那么每一点的力的方向就立即可以推导出来。必须取相距时间极短的两个时刻（因而相应的两个位置也非常近）画出速度矢量，从前一矢量终点引向后一矢量终点的矢量即表示作用力的方向。但重要的是，这两个速度矢量的时间间隔必须"极短"。对"极近"、"极短"这类词作出严格的分析绝非易事。事实上，正是这种分析使牛顿和莱布尼茨发明了微积分。

推广伽利略线索的过程漫长而曲折，这里我们无法讲述这种推广是多么富有成果。应用它之后，以前互不关联和无法理解的许多事实都得到了简单而令人信服的解释。

从纷繁复杂、各式各样的运动中，我们只取最简单的运动，并且用刚才表述的定律来解释它们。

枪管里射出的子弹，斜着抛出的石头，水管里射出的水流，它们所走过的路径都是我们所熟知的抛物线。想象在石头上附加一个示速器，使石头在任何时刻的速度矢量都可以画出来。

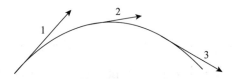

如图所示，作用于石头的力的方向正是速度变化的方向，我们已经知道如何来确定它。下图显示了作用力垂直向下的情形，这和让石头从塔顶落下来时的情形完全一样。路径和速度虽然完全不同，但速度变化的方向却是相同的，它们都朝向地球的中心。

　　将一块石头缚在一根绳子末端，在水平面上挥动它，它将作圆周运动。如果速率恒定，那么图中表示这种运动的所有矢量长度都相等。然而，运动并不是匀速的，因为路径并非直线。只有

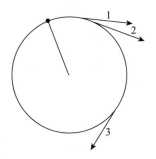

匀速直线运动才不涉及外力。但这里存在着外力，发生变化的不

是速度的大小，而是速度的方向。根据运动定律，这种变化必定由某个外力引起，这里的力存在于石头与握绳的手之间。于是立刻又产生了一个问题：力是沿着哪个方向起作用的呢？我们还用矢量图来回答。画出距离非常近的两个点的速度矢量，找到速度的变化。可以看到，后一矢量沿绳子指向圆心，而且总是与速度矢量或切线垂直。换句话说，手通过绳子对石头施加了一个力。

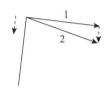

月球围绕地球的运转这个更重要的例子与此非常类似。可以近似认为它是匀速圆周运动。作用于月球的力是指向地球的，就像上一个例子中的力指向手一样。地月之间并无绳索连接，但我们可以想象这两个物体的中心之间有一根线，力就位于这根线上，并且指向地心，就像石头抛向空中或者从塔顶落下时受到的力那样。

我们之前就运动所说的都可以归结为一句话：**力和速度的变化是方向相同的矢量**。这是解决运动问题的初始线索，但它肯定不足以彻底解释所观察到的一切运动。从亚里士多德的思路过渡到伽利略的思路是科学基础的一块非常重要的基石。一旦取得这一突破，进一步发展的思路就很明确了。这里我们感兴趣的是发展的最初阶段，即根据初始的线索表明，在与旧观念的艰苦斗争中如何产生了新的物理概念。我们只关注科学中的开创性工作，即如何寻找新的、未曾预料的发展道路，只关注科学思想的冒险如何创造出一幅不断变化的宇宙图景。最初的基本步骤总是革命性的，科学想象发觉旧的概念过于狭窄，遂用新的概念取而代之。沿任何既定思路的持续发展都带有演进性，直至到达下一个转折点，需要征服新的领域为止。然而，要想理解是什么原因和什么困难迫使我们改变重要的概念，我们不仅要知道初始线索，还要知道从中可以推出什么结论。

从初始线索中推出的结论不仅是定性的，而且是定量的，这是现代物理学最重要的特征之一。我们再次考虑从塔上落下的石头。我们已经看到，石头的速度将会随着下落而增加。但我们还想知道得更多一些，比如这个变化究竟有多大？开始下落后，石头在任一时刻的位置和速度是多少？我们希望能对事件作出预言，并且用实验来确定观察结果能否证实这些预言，从而证实初始假设。

要想得出定量结论，必须使用数学语言。科学的基本观念本质上大都简单，一般都可以用人人都能理解的语言来表达。但是，要把这些观念探究到底，却需要了解非常复杂的研究技巧。要想得出能与实验相比较的结论，必须把数学当作推理工具。如果只关注基本的物理学观念，数学语言也许是可以避免的。由于本书一贯如此，所以为了理解进一步产生的重要线索，我们有时必须未加证明地引用一些结果。放弃数学语言必然会带来一些代价，比如精确性有所丧失，有时引用一些结果却不能说明它们的由来。

地球围绕太阳的运转是运动的一个非常重要的例子。众所周知，其路径是一条被称为椭圆的闭合曲线。速度变化的矢量图表明，作用于地球的力指向太阳。但仅有这点信识毕竟不够。我们希望能够预测地球和其他行星在任一时刻的位置，预测下一次日食的日期和持续时间以及其他许多天文学事件。这些事情是可以做到的，但并非只靠我们的初始线索，因为现在不仅要知道力的方向，而且要知道它的绝对值或大小。在这一点上，牛顿作了富有启发的猜测。根据他的万有引力定律，两个物体之间的引力与它们彼此之间的距离有一种很简单的关系：距离增加时，力就减小。具体说来，当距离增加到 2 倍时，力就减小到 2×2 ＝ 4 倍；当距离增加到 3 倍，力就减小到 3×3 ＝ 9 倍。

于是我们看到，就万有引力而言，我们已经成功地把运动物体之间的力与距离的关系表示为一种简单的形式。对于其他情形，比如电力、磁力等不同种类的力在起作用时，我们也以类似的方法进行处理。对于力，我们试图使用一种简单的表达。这种表达是否恰当，要看从它推出的结论能否为实验所证实。

然而，单凭这种对引力的认识还不足以描述行星的运动。我们已经看到，表示力和很短时间间隔内速度变化的矢量，其方向是相同的，但我们必须进一步追随牛顿，认为其长度之间存在着一种简单关系。假定所有其他条件都相同，也就是说，运动物体相同，考察速度变化的时间间隔相同，那么按照牛顿的说法，速度的变化正比于力。

因此，要想得出关于行星运动的定量结论，需要补充两个猜测：一个是一般性的，陈述力与速度变化之间的关系；另一个是特殊性的，陈述这种特殊类型的力与物体距离之间的关系。前者是牛顿一般的运动定律，后者则是他的万有引力定律，这两条定律共同决定了运动。通过下面听起来似乎有些笨拙的推理，我们可以说清楚这一点。假定行星在某一时刻的位置和速度能够测量出来，力也是已知的，那么根据牛顿定律，我们就能知道很短时间间隔内的速度变化。知道了初速度和速度变化，我们就能得到行星在时间间隔结束时的速度和位置。持续重复这个过程，我们不必再求助于观测数据就能追溯出整个运动路径。原则上讲，力学就是如此预测物体运动轨迹的，但这种方法用在此处很不实际。实际上，这种次第进行的程序极为冗长且不准确。幸好这种方法完全不必要，数学给我们提供了一条捷径，能够极为简洁地描述运动。由此得出的结论可以用观察来证明或否证。

无论是石头在空中的下落，还是月球绕其轨道的运转，我们都可以看出同一种类型的外力，那就是地球对物体的吸引力。牛顿认识到，石头的下落以及月球和行星的运转仅仅是作用于任何两个物体之间的万有引力的特殊显现。简单情况下的运动可以借助于数学来描述和预测。而极为复杂的情况，如果涉及多个物体彼此之间的作用，数学描述就不那么简单了，但基本原理是一样的。

我们发现，在石头的抛射运动以及月球、地球和行星的运动中，我们从初始线索中推导出来的结论变成了现实。

事实上，实验能够证明或否证的乃是我们的整个猜测系统。没有一个假设能被孤立出来作单独的检验。在行星围绕太阳运转的例子中，力学体系表现得非常成功。但我们很容易设想另一个体系，它基于不同的假设，但同样很管用。

物理概念是人类心灵的自由创造，而不是完全由外在世界所决定（无论看起来有多像）。我们试图理解实在，就像一个人想知道一块表的内部机制。他看到表面和正在走动的表针，甚至听到滴答声，但却打不开表壳。心灵手巧的他可以将机制画出来，以解释他观察到的所有事物，但他永远无法完全肯定，只有他的图才能解释观察到的东西。他永远也不能把这幅图与实际的机制加以比较，甚至无法想象这种比较的可能性或意义。但随着知识的增长，他肯定相信他对实在的描绘将会越来越简单，所能解释的感觉印象的范围也会越来越广。他也可以相信，知识有一个理想的极限，而人类的心灵正在接近这个极限。这个理想的极限或可称之为客观真理。

5. 还有一条线索

我们最初研究力学时会有一种印象，认为在这门科学分支中，一切都是简单、基本和一成不变的。但我们很难想到，一条重要的线索近三百年来未曾有人注意过。这条被忽视的线索与力学的一个基本概念有关，那就是**质量**。

让我们回到那个简单的理想实验，即小车在绝对光滑的路上运动。小车起初静止，然后推它一下，它将以一定的速度匀速运动。假定力的作用可以随意重复，推的机制每次都以同样的方式起作用，并且给同一辆车施加同样的力，那么无论把这个实验重复多少次，小车最后的速度总是一样的。但如果把实验变一下，车上原先是空的，现在给它装上东西，结果会怎样呢？装上东西的车的末速度会比空车小些。结论是：如果同样的力作用于原本静止的两个不同物体，所产生的速度将会不同。因此我们说，速度与物体的质量有关，质量越大，速度越小。

因此，我们至少在理论上知道如何测定物体的质量，或者更确切地说，知道如何测定一个质量比另一个质量大多少倍。我们把同样的力作用于两个静止的质量，若发现第一个质量的速度比第二个质量的速度大3倍，我们就可以断言，第一个质量比第二个质量小3倍。当然，对于测定两个质量之比来说，这种方法并不很实用。不过，以惯性定律的运用为基础，我们完全可以设想已经以诸如此类的方法做到了这一点。

我们实际上是如何测定质量的呢？当然，不是以刚才描述的那种方法。人人都知道正确的答案，我们把物体放在天平上称一下就测定出了它的质量。

让我们更仔细地讨论一下测定质量的这两种方法。

第一个实验与重力即地球引力毫无关系。被推之后，小车沿着绝对光滑的水平面运动。使小车停留在平面上的重力并不改变，对于测定质量完全不起作用。而称量则完全不同。如果地球不吸引物体，或者说如果不存在重力，那么永远也无法使用天平。测定质量的这两种方法的差异在于：第一种方法与重力毫无关系,第二种则本质上依赖于重力的存在。

我们问:如果用上述两种方法来测定两个质量之比,我们会得到同一结果吗?实验给出的回答很清楚:结果是一样的。我们不可能预先知道这个结论,因为它并非基于理性,而是基于观察。为了简洁,我们把用第一种方法测出的质量称为"惯性质量",而把用第二种方法测出的质量称为"引力质量"。在我们的世界中,它们碰巧相等,但我们完全可以设想它们并不相等。这样就立即产生了另一个问题:这两种质量的相等是纯属偶然呢,还是有更深的意义?从经典物理学的观点来看,回答是:这两种质量的相等是偶然的,再无更深的意义可以赋予它。现代物理学的回答却恰恰相反:这两种质量的相等具有根本性的意义,它是一个新的至关重要的线索,引导我们走向更深刻的理解。事实上,它是发展出所谓广义相对论的最重要的线索之一。

如果一个侦探故事把奇特的事件解释成偶然的,那它似乎就不是一个好故事。让故事遵循理性模式,肯定会更让人满意。同样,只要能与观察到的事实相一致,那么能对引力质量和惯性质量的相等作出解释的理论要比把这种相等解释成偶然的理论更好。

既然惯性质量和引力质量的这种相等对于相对论的提出具有根本意义,这里我们就应对它作出更为细致的考察。何种实验令人信服地证明了这两种质量是相等的?答案其实已经存在于伽利略从塔上丢下不同质量的物体那个古老实验里了。他发现不同质量的物体下落时间总是相同的,落体的运动与质量无关。要把这个简单但又极为重要的实验结果与这两种质量的相等联系起来，还需要相当复杂的推理。

　　一个静止的物体在外力的作用下开始运动，并获得一定的速度。它就范的难易程度依赖于它的惯性质量。质量越大，对运动的抵抗就越强。不那么严格地说：一个物体对外力的感召作出回应的难易程度依赖于它的惯性质量。倘若地球真以同样的力来吸引所有物体，那么惯性质量最大的物体将比其他物体下落更慢。但事实并非如此，所有物体都以同样的方式下落。这意味着地球吸引不同质量的力必定是不同的。而地球以重力来吸引石头，对于石头的惯性质量一无所知。地球的"感召"力依赖于引力质量，石头的"回应"运动则依赖于惯性质量。既然"回应"运动总是相同的，也就是说，从同一高度丢下的所有物体都以同样的方式下落，由此可以推断：引力质量与惯性质量相等。

　　物理学家会把这一结论更加学究地表述为：落体的加速度与其引力质量成正比，与其惯性质量成反比。既然所有落体都有相同的恒定的加速度，所以这两种质量必定相等。

　　在我们这个绝妙的侦探故事中，没有什么问题已被一劳永逸地彻底解决。300年后，我们不得不重新回到初始的运动问题，修改研究程序，寻找曾被忽视的线索，从而得到一幅不同的宇宙图景。

6. 热是实体吗？

　　现在我们开始追溯一条起源于热现象领域的新线索。不过，我们不能把科学分成几个独立的、不相关的部分。事实上，我们很快就会看到，这里介绍的新概念是与我们所熟知的、将来还会遇到的那些概念交织在一起的。在一个科学分支中发展起来的思路往往可以用来描述似乎完全不同的事件。在这一过程中，原先的概念往往会被修改，以帮助理解这些概念所源出的以及现在所用于的那些现象。

描述热现象的最基本的概念是温度和热。在科学史上，将这两个概念区分开来经历了漫长的时间。然而，一旦作出这种区分，科学就获得了突飞猛进的发展。这些概念现已众所周知，但我们仍将作出认真考察，并且侧重于两者的区别。

我们的触觉会非常清楚地告诉我们，一个物体是热的，另一个物体是冷的。但这种标准是纯粹定性的，不足以作出定量描述，有时甚至模糊不清。有一个著名的实验可以表明这一点：假定有三个容器，分别装有冷水、温水和热水。如果把一只手浸入冷水，而把另一只手浸入热水，那么我们的感觉是：第一个容器里的水是冷的，第二个容器里的水是热的。如果随后我们把两只手同时浸入温水，那么两只手会得到相互矛盾的感觉。同样道理，爱斯基摩人和某个赤道国家的居民如果于春季在纽约见面，他们对于天气的冷热也会有不同的看法。我们用温度计来解决所有这些问题。原始形式的温度计是伽利略（又是那个熟悉的名字！）设计的。温度计的使用基于一些明显的物理假设。这里我们不妨引用大约一个半世纪以前布莱克（Black）讲义中的几句话来回想一下这些假设，在消除与热和温度这两个概念相关的困难方面，布莱克贡献甚大：

　　通过使用这种仪器，我们发现，如果取 1000 种甚至更多种不同的物质，例如金属、石头、盐、木头、羽毛、羊毛、水以及其他各种流体，将其一起放在一个没有火也没有阳光照射的房间里，虽然起初它们的**热**各有不同，但放入房间之后，热会从较热的物体传到较冷的物体，经过几个小时或者一天，如果把一个温度计依次用于所有这些物体，那么温度计将会精确指示同一度数。

按照今天的名称，文中的"热"应当用"温度"来代替。

　　一个医生把温度计从病人口中取出来，可能会作这样的推理："温度计通过其水银柱长度来指示自己的温度。假设水银柱的长度与温度的增加成正比，但温度计和我的病人接触了几分钟，所以病人和温度计有同样的温度。由此推断，这位病人的温度就是温度计记录的那个温度。"医生的行为也许是无意识的，但他无意中已经运用了物理学原理。

　　但温度计是否包含着与人体同样多的热量呢？当然不是。正如布莱克所指出的，仅仅因为两个物体温度相等就以为它们包含的热量也相等，

　　　　这种看法过于仓促了。它将不同物体中的热量与热的一般强度混淆了起来。显然，这是不同的两种事物，在思考热的分布时总是应当予以区分。

为了理解这种区分，我们不妨考察一个很简单的实验。将 1

磅水放在火焰上加热,使其温度从室温升至沸点,这需要一段时间。若用同样的火焰来煮沸同一容器中的 12 磅水,则需要更长的时间。在我们看来,这个事实表明,现在还需要另外"某种东西",我们称之为**热**。

由以下实验可以得出另一个重要概念——**比热**。假定一个容器中装有 1 磅水,另一个容器中装有 1 磅水银,用同样的方式加热它们。水银变热要比水快得多,这表明把水银的温度提高 1 度所需的"热"更少。一般来说,要把相同质量的水、水银、铁、铜、木头等不同物质的温度改变 1 度,比如从 40 摄氏度升到 41 摄氏度,所需的"热"量是不同的。我们说,每一种物质都有它自己独特的**热容**或**比热**。

一旦有了热的概念,我们就可以更仔细地研究它的本性了。假定有两个物体,一个热,一个冷,或者更确切地说,一个物体的温度比另一个更高。现在使之接触,并且不受任何外在影响。我们知道,它们最终会达到同样的温度。但这是如何发生的呢?从它们开始接触到获得相同的温度,在此期间到底发生了什么?我们的脑海中会浮现出这样一幅画面:热从一个物体"流"向另一个物体,就像水从高位流向低位一样。这幅画面虽然原始,却似乎符合许多事实,遂有这样的类比:

　　水—热
　　较高的水位—较高的温度
　　较低的水位—较低的温度

流动一直要进行到两个水位即两个温度相等时才会停止。通过定量考虑，这个朴素的看法可以变得更有用处。如果把特定质量和温度的水与酒精混合起来，那么只要知道比热就能预言混合物的最后温度。反过来，只要观察到最后的温度，再加上一点代数知识，我们就能求出这两个比热之比。

　　我们意识到，这里出现的热的概念与其他物理概念有相似之处。在我们看来，热是一种实体（substance），就像力学中的质量一样。它的量可以改变，也可以不变，就像钱一样，可以存在保险箱里，也可以花掉。只要保险箱始终锁着，箱子里钱的总数就会保持不变。同样，一个孤立物体中质量的总量和热的总量也是不变的。理想的保温瓶就类似于这样一个保险箱。此外，一个孤立系统即使发生了化学变化，它的质量也保持不变；同样，即使热从一个物体流向另一个物体，一个孤立系统的热量也是守恒的。即使不是用热来提高物体的温度，而是用它来熔化冰或者把水变成蒸汽，我们仍然可以把热想象为实体。只要把水结成冰，或者把蒸汽液化为水，又可以重新得到热。熔化潜热或汽化潜热这类旧称都表明，这些概念源于把热想象成一种实体。潜热是暂时隐藏着的，就像如果有人知道开锁的方法，就可以把保险箱里的钱拿出来用。

　　但热肯定不是一种与质量有同样意义的实体。质量可以用天平来测定，那热呢？铁在炽热状态下是否要比在冰冷状态下更重呢？实验表明并非如此。即使热是实体，它也是一种无重量的实体。"热质"通常被称为卡路里，这是一系列无重量的实体中我们最先熟识的一种。以后我们还会追溯这一系列实体的兴衰历史，现在只需注意这一种实体的诞生就够了。

任何物理理论都希望解释范围尽可能广的现象。就它的确使事件变得可以理解而言，它是有道理的。我们已经看到，热质说解释了许多热现象。但我们很快就会意识到，这同样是一条错误的线索。不能把热看成一种实体，哪怕是无重量的实体。只要回想一下标志着文明开端的几个简单实验，我们就能明白这一点。

我们认为实体既不能创造，也不能毁灭。但原始人用摩擦的方法创造出了足够的热来点燃木头。事实上，摩擦生热的例子太多、太熟悉了，这里无须详述。在所有这些例子中都有一些热量被创造出来，这一事实很难用热质说来解释。诚然，支持这个理论的人会发明出各种论证来解释它。其推理可能是这样的："热质说可以解释表观上热的产生。举一个最简单的例子：拿两块木头相互摩擦，摩擦影响了木头，改变了木头的性质。这种性质改变很可能导致不变的热量产生了比以前更高的温度。毕竟，我们只看到了温度的升高。也许摩擦改变的是木头的比热，而不是总的热量。"

在目前的讨论阶段，同热质说的支持者进行争辩是没有用处的，因为这件事只能通过实验来解决。设想有两块相同的木头，用不同方法使之发生相同的温度改变，比如一种用摩擦，另一种通过与散热器接触。如果两块木头在新的温度下有相同的比热，那么整个热质说就被推翻了。我们有非常简单的方法来测定比热，热质说的命运取决于这些测量的结果。在物理学史上，经常有一些检验能够宣判一个理论的生死，这种检验被称为

"**判决性**实验"。一个实验的判决价值只有通过提问方式才能得到揭示，而且只有一种关于现象的理论才能交由它判决。同一类型的两个物体的比热测定，即分别通过摩擦和传热使之达到相同的温度，就是判决性实验的一个典型例子。大约150年前，伦福德（Rumford）做了这个实验，它给了热质说以致命一击。

让我们看看伦福德本人是怎么说的：

在人们的日常工作和生活中，往往会有机会思索一些最奇妙的自然运作；利用纯粹为技术制造的目的而设计出来的机械，几乎不必花多少精力和钱就可以做非常有趣的哲学实验。

我常常有机会作这种观察。我确信，只要习惯于留心日常生活中发生的事情，就往往会引出有益的怀疑，有助于制定合理的研究与改进方案。这些情况有的像是偶然发生的，有的则是在思索司空见惯的现象时让想象力尽情驰骋而发生的。与之相比，那些专门坐在书房里冥思苦想的哲学家倒没有这么多机会。……

不久前，我去慕尼黑兵工厂监管大炮的钻制。我发现，铜炮在钻制很短时间之后就会获得大量的热，而钻头从炮上钻下来的金属屑则要更热（我用实验发现，它们比沸水还要热得多）。……

在上述机械操作中实际产生出来的热是从哪里来的呢？

是钻头在坚固的金属块中钻出来的金属屑提供的吗？

如果真是这样，那么根据潜热和热质的现代学说，它们的热容不仅要变，而且要变得足够大，才能解释所产生的全部的热。

但这样的变化并没有发生。取相等重量的这种金属屑和用细齿锯从同一块金属上锯下来的金属薄片，把它们在相同温度（沸水的温度）下分别放入等量的冷水（比如温度为华氏 59.5 度），我发现，放金属屑的水似乎并不比放金属片的水更热或更冷。

最后，我们来看看伦福德的结论：

在对这个主题进行推理时，我们不要忘记考虑那个最引人注目的状况：在这些实验中，由摩擦产生的热的来源似乎明显**不可耗尽**。

不消说，与**外界隔绝的**任何物体或物体系统所能**无限**持续提供的任何东西不可能是**物质实体**（material substance），而且在我看来，任何能像这些实验中的热一样被激发和传播的东西，除非认为是"运动"，否则我们很难对其形成任何明确的观念。

于是，我们看到旧理论被推翻了，或者更确切地说，我们看到热质说不适用于热流问题。正如伦福德所暗示的，我们需要寻找新的线索。为此，我们暂时离开热的问题，回到力学。

7. 过山车

让我们研究一下游乐场中过山车的运动。把一辆小车提升到或驾驶到轨道的最高点，然后自由释放。在重力的作用下，它将开始朝下滑动，随后沿着一条古怪的曲线上升下降，其速度的突然改变会使乘客感到紧张刺激。每一个过山车都有一个最高点作为起点。在整个运动过程中，小车再也无法到达同一高度。完整地描述运动会非常复杂：一方面是问题的力学方面，即速度和位置随时间的改变；另一方面有摩擦，因此轨道和车轮上会产生热。之所以把这个物理过程分成这两个方面，主要是为了使用前面讨论过的那些概念。这种划分使我们得到了一个理想实验，因为一个只显示力学方面的物理过程只能设想，而不能实现。

对于这个理想实验，我们可以设想有人能够完全消除一直伴随着运动的摩擦。他决定用这一发现来建造一个过山车，并亲自研究如何建造。从起点（比如距地面 100 英尺）开始，小车将会跑上跑下。通过试错法，他很快就发现必须遵循一个非常简单的规则：他可以把轨道建成任意形状，只要轨道上任何一点都不高于起点。如果小车自始至终能够没有摩擦地运动，那么在整个行程中，他想让小车的高度达到 100 英尺多少次就可以多少次，但绝不能超过这个高度。在实际的轨道上，由于摩擦的作用，小车永远也达不到起点的高度，但我们这位假想的工程师并不需要考虑这一点。

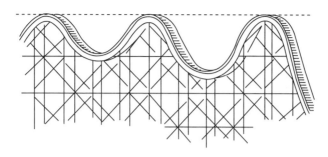

让我们考察一下这辆理想小车从理想过山车的起点开始向下滑的运动。它在运动的时候，距离地面的高度减小了，但速率却增加了。初看起来，这句话也许会让我们想起语文课上的句子："我没有铅笔，但你有六个橘子。"但事实上，这句话并不那么幼稚可笑。我没有铅笔和你有六个橘子之间并没有关系，但小车距离地面的高度和它的速率之间却有着非常实际的关系。只要知道小车在某一时刻距离地面的高度，我们就可以算出它在这一时刻的速率。不过这涉及定量的数学公式，这里我们姑且不谈。

在过山车的最高点，小车的速度为零，距离地面的高度为100英尺。而在可能的最低点，小车距离地面的高度是零，速度达到最大。这些事实可以用另一些术语来表达：在最高点，小车有**势能**而没有**动能**；在最低点，小车有最大的动能而没有任何势能。在既有速度又有高度的所有中间位置，小车既有动能又有势能。势能随高度的增加而增大，动能则随着速度的增加而增大。力学原理足以解释这种运动。这两种能量的表达式出现在数学描述中，它们各自都可以改变，而总和保持不变。这样一来，我们就可以在数学上严格引入与位置有关的势能概念和与速度有关的动能概念。当然，引入这两个名称是随意的，只是为了方便。这两个量之和保持不变，被称为运动恒量。动能加势能所构成的总能量就类似于一笔总数不变的钱，根据固定的兑换率，我们可以持续地将一种货币兑换成另一种，比如从英镑兑换成美元，然后再兑换回来，但钱的总数不变。

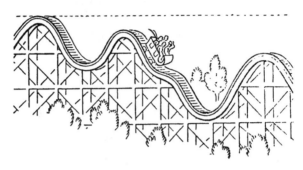

对实际的过山车而言，在摩擦力的作用下，小车无法重新达到起点的高度，但动能与势能之间仍在不断转换。不过在这里，动能与势能的总和并非保持不变，而是逐渐减小。现在需要再迈出重要而大胆的一步，才能将运动的力学方面与热的方面联系在一起。后面我们会看到迈出这一步所得出的丰硕成果。

现在，某种不同于动能和势能的东西被牵涉进来，那就是摩擦产生的热。这种热是否对应于机械能的减少即动能和势能的减少呢？我们立刻会产生一个新的猜测。如果热可以被看成一种能量，那么也许热、动能和势能这三种能量的总和是恒定不变的。不是单独的热，而是热与其他形式的能量合在一起，会像实体一样不可消灭。这就像一个人在把美元兑换成英镑时，本来要付一笔法郎作为手续费，但这笔手续费省下来了，因此根据固定的兑换率，美元、英镑和法郎的总和是一个固定值。

科学的进步推翻了把热看成实体的旧观念。我们试图创造出能量这种新实体，而把热看成能量的一种形式。

8. 转化率

不到100年前，迈耶（Mayer）猜测了一条新的线索，引出了热是一种能量的概念。焦耳（Joule）后来用实验作了验证。可巧的是，几乎所有与热的本性有关的基础工作都是非专业的物理学家做的，他们仅仅把物理学看成自己的一大爱好，比如多才多艺的苏格兰人布莱克、德国医生迈耶、美国冒险家伦福德（他后来在欧洲生活，担任巴伐利亚军政大臣等职务），还有英国的酿酒师焦耳，他在工作之余做了有关能量守恒的几个最重要的实验。

焦耳用实验证实了热是一种能量的猜测，并且测定了转化率。我们不妨看看他的成果。

某个系统的动能和势能合起来构成了它的**机械能**。在过山车的例子中，我们猜测有些机械能转化成了热。如果是这样，那么在这里以及所有其他类似的物理过程中，两者之间必定存在着明确的**转化率**。严格来说，这是一个定量的问题，但一定数量的机械能可以转变成一定数量的热，这个事实非常重要。我们想知道用什么数来表示转化率，也就是说，从一定数量的机械能中可以得到多少热。

焦耳的研究正是为了测定这个数值。他有一个实验的机械装置很像重锤驱动的钟表。给这个钟上发条，两个重锤就升高，从而给系统增加了势能。如果这个钟不再受到干扰，便可以视之为一个封闭系统。重锤逐渐下降，发条逐渐走完。一段时间之后，重锤将到达其最低位置，钟也停了下来。能量发生了什么呢？重锤的势能转化为机械装置的动能，然后以热的形式逐渐消散。

焦耳巧妙地改变了这种机械装置，从而能够测量热的损耗以及转化率。在他的仪器中，两个重锤使一个浸在水中的叶轮转动。重锤的势能转化为运动部件的动能，然后转化为热，从而提高了水的温度。焦耳测量了温度的改变，并利用已知的水的比热计算出所吸收的热量。他把多次实验的结果总结如下：

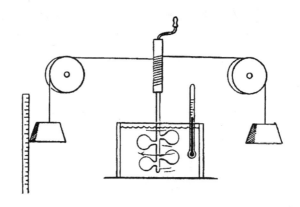

1. 无论是固体还是液体，物体摩擦所产生的热量总是正比于所消耗的力（焦耳所说的力是指能量）。

2. 要产生可以把（在 55 华氏度到 60 华氏度之间的真空中称量的）1 磅水的温度升高 1 华氏度的热量，所需要花费的机械力［能量］可以用 772 磅的物体在空中下降 1 英尺来表示。

换句话说，被提升到地面之上 1 英尺的 772 磅物体的势能，等于把 1 磅水从 55 华氏度提升到 56 华氏度所需要的热量。虽然后来的实验者做得更精确，但热功当量本质上是焦耳在其先驱性工作中发现的。

这项重要的工作一旦完成，后来的进步就很快了。人们很快就认识到，机械能和热能只不过是很多种能量形式中的两种。任何可以转化为机械能或热能的东西也是一种能量。太阳发出的辐射是能量，因为其中一部分变成了地球上的热。电流有能量，是因为它可以使导线发热，使发动机的轮子转动。煤包含着化学能，煤燃烧时，化学能以热的形式被释放出来。在每一个自然事件中，都有一种形式的能量以某种确定的转化率转化为另一种形式的能量。在一个不受外界影响的封闭系统中，能量是守恒的，因此表现得很像一种实体。在这样一个系统中，虽然任何一种能量的总量可能在变化，但所有可能形式的能量的总和是恒定的。倘若把整个宇宙看成一个封闭系统，我们就可以和 19 世纪的物理学家们一道自豪地宣布：宇宙的能量是不变的，它的任何一部分都既不能创生也不能毁灭。

这样一来，我们就有了两个实体概念，即**物质**和**能量**。两者都遵从守恒定律：一个孤立系统的质量和总能量都不会改变。物质有重量，而能量没有重量。因此，我们有两个不同的概念和两条守恒定律。现在我们还能认真看待这些观念吗？或者说，按照最新的发展，这幅看似有着牢固基础的图景是否已经改变了？的确变了！这两个概念的进一步改变与相对论有关。以后我们还会回到这个问题上来。

9. 哲学背景

科学研究成果往往会迫使人们改变对有限科学领域以外的问题的哲学看法。科学的目的是什么？一个试图描述自然的理论应该满足什么条件呢？这些问题虽然超越了物理学的界限，但与物理学密切相关，因为正是科学提供了素材，使这些问题得以产生。哲学概括必须以科学成果为基础。而哲学概括一旦形成并且被广泛接受，又常常会指出诸多可能道路中的某一条路，从而影响科学思想的进一步发展。等到业已接受的观点被成功地推翻，又会出现意想不到的全新发展，从这些发展中又会产生新的哲学观点。若不能从物理学史上引用一些例子来加以说明，这些话听起来一定是模糊不清和不得要领的。

现在我们就来谈谈最早的哲学家是如何设想科学的目的的。这些思想极大地影响了物理学的发展，直到近100年前才因为新的事实和理论证据而被抛弃，而这些新的事实和理论证据又成了新的科学背景。

从希腊哲学到现代物理学的整个历史中，一直有人尝试把看起来复杂的自然现象归结为几个简单的基本观念和关系。这正是整个自然哲学的基本原则。它甚至表现在原子论者的著作中。2300年前，德谟克利特（Democritus）写道：

甜是约定的,苦是约定的,热是约定的,冷是约定的,颜色也是约定的。但实际上只有原子和虚空。也就是说,我们通常以为感官的对象是实在的,但其实并非如此。只有原子和虚空才是实在的。

在古代哲学中,这种观念只不过是别出心裁的想象罢了。将陆续发生的事件联系在一起的自然定律,希腊人是不知道的。事实上,从伽利略开始,科学才把理论与实验联系在一起。我们已经追溯了导向运动定律的初始线索。在200年的科学研究中,力和物质始终是理解自然的所有努力中的基本概念。我们想到其中一个概念就必定会想到另一个概念,因为物质通过作用于其他物质而证明自己是力的来源。

让我们考虑最简单的例子:两个粒子,彼此之间有力作用着。最容易设想的力是引力和斥力。在这两种情况中,力矢量都在质点的连线上。为了满足简单性,我们只能设想粒子相互之间吸引或排斥,因为关于作用力方向的任何其他假设都会导致复杂得多的图像。关于力矢量的长度,我们也能作出同样简单的假设吗?即使想避免过于特殊的假设,我们也仍然可以说:任何两个已知粒子之间的力就像万有引力一样,只与它们之间的距离有关。这看起来已经足够简单了。我们还可以把力设想得更为复杂,比如不仅与距离有关,而且与两个粒子的速度有关。倘若把物质和力当成基本概念,我们几乎无法设想还有什么假设能比力沿着粒子的连线作用并且只与距离有关更简单。但仅凭这种力能否描述所有物理现象呢?

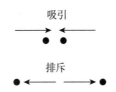

力学在其各个分支中所取得的伟大成就，在天文学发展中的惊人成功，以及力学观念在那些非力学的、明显不同的问题中的应用，所有这些都使我们相信，可以通过固定不变的对象之间简单的力来解释所有自然现象。在伽利略之后的两个世纪里，这样一种努力有意无意地表现在几乎所有科学创造中。大约在19世纪中叶，亥姆霍兹（Helmholtz）明确表达了这一点：

> 因此我们发现，物理科学的问题在于把自然现象归结为强度只依赖于距离的不变的引力和斥力。要想完全理解自然，就得解决这个问题。

因此，按照亥姆霍兹的说法，科学发展的路线是已经决定了的，它严格遵循着这样一条固定的路径：

> 一旦把自然现象完全归结为简单的力，并且证明自然现象只能这样来归结，科学的使命就完成了。

在20世纪的物理学家看来，这种观点是单调而幼稚的。想到伟大的研究工作可能很快就会结束，一幅绝对可靠但却单调乏味的宇宙图景被一劳永逸地建立起来，他一定会感到恐惧。

即使这些信条能把对所有事件的描述归结为简单的力，也还有一个问题没有解决，那就是力与距离是什么关系。对于不同的现象来说，这种关系可能是不同的。从哲学的观点来看，必须为不同的事件引入多种不同类型的力，这肯定不能让人满意。尽管如此，亥姆霍兹清晰表述的这种所谓**力学观**在当时起了重要作用。物质运动论的发展就是直接受到力学观影响的最伟大的成就之一。

在叙述力学观的衰落之前，我们暂且接受 19 世纪物理学家所持的观点，看看从他们的外在世界图景中可以得出什么结论。

10. 物质的运动论

是否可以通过有简单的力相互作用着的粒子的运动来解释热现象呢？密闭容器里装着一定质量和温度的气体，比如空气。加热使气体的温度升高，气体的能量也由此增加。但这种热与运动是如何关联的呢？我们尝试接受的哲学观点以及运动产生热的方式都暗示，热可能与运动有关。如果每一个问题都是力学问题，那么热必定是机械能。**运动论**（kinetic theory）的目标就是用这种方式来表达物质概念。根据这种理论，气体是无数粒子或分子的聚集。这些分子朝四面八方运动，相互碰撞，每次碰撞之后都会改变运动方向。分子必定有一个平均速度，就像人类社会有平均年龄和平均财富一样。因此，必定存在着每一个粒子的平均动能。容器中的热越多，平均动能就越大。根据这幅图像，热并不是一种与机械能不同的特殊形式的能量，而就是分子运动的动能。任何特定的温度都对应着每个分子确定的平均动能。事实上，这并不是一个随随便便的假设。要想就物质建立一幅前后一致的力学图景，就必须把一个分子的动能看成气体温度的量度。

这个理论不仅仅是想象力的娱乐。可以表明，气体运动论不但与实验相符，而且使我们对事实有了更深刻的理解。这可以用几个例子来说明。

假定有一个容器，用一个能自由移动的活塞将它封住。容器中有一定量的气体，保持温度恒定。起初活塞静止在某个位置，可以通过减重或加重而使之上升或下降。要把活塞下推，必须用力来抵抗气体的内压力。根据运动论，这种内压力的机制是怎样的呢？构成气体的数目极大的粒子正在朝四面八方运动。它们撞击容器壁和活塞，像掷到墙上的球一样弹回来。大量粒子的这种持续撞击反抗着向下作用于活塞和重物的重力，使活塞保持在一定高度。在一个方向上是恒定的重力，在另一个方向上则是分子的大量不规则碰撞。如果达成平衡，所有这些小的不规则的力对活塞的净作用必须等于重力的作用。

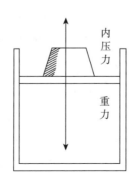

内压力

重力

假定把活塞推下去，把气体压缩到比如原来体积的 1/2，而温度保持不变，那么根据运动论，我们可以预料发生什么？撞击力会比以前更有效或更无效吗？现在粒子挤得更紧密了。虽然平均动能和以前一样，但粒子与活塞的碰撞更频繁了，因此总的力要更大。从运动论所呈现的这幅图景中可以清楚地看出，要使活塞保持在这个更低的位置，需要更大的重量。这个简单的实验事实是众所周知的，但其预测却可以从物质的运动论中逻辑地推导出来。

再看另一个实验。取两个容器，装有相同体积的不同气体，比如氢与氮，两者温度相同。用同样的活塞将两个容器封住，活塞上放置的重量也相等，简而言之，两种气体具有相同的体积、温度和压力。既然温度相同，那么根据运动论，粒子的平均动能也相等。既然压力相同，那么两个活塞都受到同样的总的力撞击。平均而言，每一个粒子都携有相同的能量，两个容器有相同的体积。因此，虽然两种气体在化学上有所不同，但每个容器中的分子数必定相等。这个结果对于理解许多化学现象非常重要。它表明，在一定的温度和压力下，既定体积内的分子数并非某一种气体所特有，而是所有气体都有的。令人惊讶的是，运动论不仅预言存在着这样一个普遍的数，而且还能帮助我们确定它。我们很快还会回到这一点。

无论在定性方面还是在定量方面，物质的运动论都能解释由实验确定的气体定律。而且，虽然这个理论的最大成就在气体领域，但并不限于气体。

我们可以通过降低温度而使气体液化。物质温度的降低意味着其粒子平均动能的减小。因此，液体粒子的平均动能显然要小于相应气体粒子的平均动能。

最早揭示液体粒子运动的是所谓的**布朗运动**。假如没有物质的运动论，这个奇异的现象会始终保持神秘和无法理解。植物学家布朗（Brown）第一次观察到它，直到80年后即20世纪初，它才得到解释。只要有一架质量不太差的显微镜就可以观察到布朗运动。

当时布朗正在研究某些植物的花粉颗粒，他说：

> 尺寸极大的花粉粒子或颗粒长0.004英寸至0.005英寸。

他又说：

> 我在考察浸在水中的这些粒子的形态时，发现其中许多粒子都明显在运动……经过多次反复观察，我确信这些运动既非缘于液体的流动，亦非缘于液体的逐渐蒸发，而是属于粒子本身。

布朗透过显微镜观察到的是水中悬浮颗粒的持续扰动。他看到的景象真是让人印象深刻！

这种现象是否与选择某些特殊的植物有关呢？为了回答这个问题，布朗用多种不同植物重复做了这个实验。他发现所有颗粒只要足够小，悬浮在水中时都会显示这样的运动。此外他还发现，无论是有机物还是无机物，其微粒都会作同样不规则的无休止的运动。他甚至把蛾子磨成粉末来做实验，也观察到同样的现象。

如何解释这种运动呢？它似乎与之前的所有经验都矛盾。比如每隔30秒对一个悬浮粒子的位置作一次观察，我们看到它所走的路径很奇特。令人惊讶的是，这种运动似乎是永无休止的。将一个摆动的钟摆放入水中，如果没有外力推动，它很快就会静止。存在着一种永不减弱的运动，这似乎与所有经验相矛盾。物质的运动论出色地澄清了这个难题。

即使透过最强大的显微镜来观察水，我们也看不到分子和物质运动论所描述的运动。可以断定，假如把水看成粒子的聚集的理论是正确的，那么这些粒子的尺寸必定超出了哪怕最好的显微镜的可见范围。不过，我们还是信守这个理论，认为它描绘了一幅一致的实在图景。透过显微镜看到的布朗粒子受到了更小的水粒子的撞击。如果被撞的粒子足够小，布朗运动就会发生。它之所以会发生，是因为来自各个方向的碰撞并不均匀，因其不规则性和偶然性而无法达到平衡。因此，观察到的运动乃是观察不到的运动的结果。大粒子的行为在某种意义上反映了分子的行为，可以说是把分子的行为放大到透过显微镜可见的程度。布朗粒子不规则和偶然的路径反映了构成物质的较小粒子类似的不规则路径。因此我们看到，对布朗运动进行定量研究可以使我们更深刻地理解物质的运动论。显然，可见的布朗运动取决于不可见的碰撞分子的尺寸。如果碰撞分子没有一定的能量，或者换句话说，没有一定的质量和速度，就不会有布朗运动。因此，研究布朗运动可以确定分子的质量，这是不足为奇的。

　　通过理论与实验方面的艰苦研究，运动论的定量特征已经形成。源于布朗运动现象的线索是导向定量数据的诸多线索之一。从完全不同的线索出发，可以通过不同的方法得到同样的数据。所有这些方法都支持同一种观点，这个事实非常重要，因为它表明物质的运动论具有内在的一致性。

　　这里只能提及由实验和理论得出的许多定量结果中的一个。假定有 1 克最轻的元素氢，我们问：在这 1 克氢之中有多少粒子呢？这个问题的答案不仅适用于氢，而且也适用于所有其他气体，因为我们已经知道，在何种条件下两种气体具有相同数目的粒子。

　　根据对悬浮粒子的布朗运动的某些测量结果，理论使我们能够回答这个问题。答案是一个大得惊人的数：3 后面跟 23 个数字。1 克氢中的分子数是：

$$3.03 \times 10^{23}。$$

　　假定 1 克氢的各个分子的尺寸增大到可以用显微镜看到，比如说直径变成 5/1000 英寸，亦即和布朗粒子的直径一样大。要想把它们紧密地包装起来，我们需要一个边长约为 1/4 英里的箱子！

　　拿 1 去除上面这个数，就可以计算出一个氢分子的质量。答案是一个小得出奇的数：

$$3.3 \times 10^{-24} 克，$$

这个数代表一个氢分子的质量。

　　这个数在物理学上发挥着重要作用，布朗运动的实验只不过是确定这个数的许多独立实验中的一个。

从物质的运动论及其所有重要成就中可以看出，那个一般的哲学纲领已经得以实现：对一切现象的解释都可以归结为物质粒子之间的相互作用。

总结：

在力学中，如果知道运动物体现在的状况和作用于它的力，就可以预言它未来的路径，揭示它的过去。例如，所有行星未来的路径都是可以预见的，作用于行星的是只依赖于距离的牛顿万有引力。经典力学的伟大成果暗示，力学观可以一致地应用于物理学的所有分支，所有现象都可以用引力或斥力的作用来解释，这些力只依赖于距离，并且作用于不变的粒子之间。

我们从物质的运动论中看到，这种产生于力学问题的观点把热现象也包含了进去，形成了一幅成功的物质结构图景。

第二章　力学观的衰落

1. 两种电流体

以下是一份乏味的报告，讨论的是几个非常简单的实验。报告之所以乏味，不仅因为实验描述不如实际做实验那样有趣，也是因为在未作理论阐明之前，实验的意义尚未明了。我们的目的是为理论在物理学中的作用提供一个显著的例子。

1. 用一个玻璃底座支撑起一根金属棒，棒的两端用金属线连接在验电器上。验电器是什么东西呢？这是一个简单的仪器，本质上由悬挂在一小段金属末端的两片金箔所组成，这些东西都被封闭在一个玻璃瓶中。金属棒只与被称为绝缘体的非金属物相接触。除了验电器和金属棒，我们还需要有一根硬橡胶棒和一块法兰绒。

实验如下：先看一下两片金箔是否合拢，因为这是其正常位置。万一没有合拢，用手指碰一下金属棒就可以让它们合起来。做了这些初步准备之后，用法兰绒用力摩擦橡胶棒，再用橡胶棒触碰金属棒，两片金箔会立刻张开！甚至在移走橡胶棒之后，它们也仍然是张开的。

2. 我们再用同样的仪器做另一个实验，开始时金箔仍处于合拢状态。这一次我们不让橡胶棒实际触碰金属棒，而只是靠近金属棒。验电器的金箔再次张开，但情况有所不同。当把未触碰金属棒的橡胶棒移走之后，金箔不再继续张开，而是立刻合拢，恢复到正常位置。

3. 做第三个实验时，我们把仪器略作改变。假定金属棒由两节连接而成。用法兰绒摩擦橡胶棒以后再使之靠近金属棒，同样的现象再次发生，金箔张开了。但现在先把金属棒分成它的两节，然后把橡胶棒移走。我们发现这时金箔仍然张开，而不像第二个实验中那样恢复到正常位置。

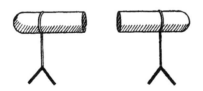

对于这些质朴的实验，人们很难表现出强烈的兴趣。在中世纪，做这些实验的人也许已经受过非难了。在我们看来，这些实验似乎是乏味而缺乏条理的。读过这份报告之后，即使要头脑清晰地重述一遍恐怕都不容易。懂得一些理论，就能理解它们的意义了。我们还可以说：很难想象这样的实验是偶然做着玩的，对于它们的意义，实验者一定预先有过确切的了解。

有一个非常质朴的理论能够解释上述所有事实，现在我们就来谈谈它的基本观念。

存在着两种**电流体**，一种叫作**正的**（＋），另一种叫作**负的**（－）。它们有点像我们前面已经解释过的实体，因为它们的量既可以增加，也可以减少，而在任一封闭系统内的总量是守恒的。但电流体与热、物质或能量之间也存在着一种本质差别。电的实体有两种。这里无法像以前那样拿钱做类比，除非做出某种推广。如果物体的正电流体与负电流体完全相互抵消，这个物体就是电中性的。一个人如果身无分文，要么是因为他的确身无分文，要么是因为他放在保险箱里的钱的总数正好等于他负债的总数。我们可以把两种电流体比作账簿中的借项和贷项。

这个理论的第二条假设是，同类的两种电流体相互排斥，异类的两种电流体相互吸引。这可以用下图来表示：

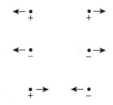

最后还要作一个理论假设：物体有两类，电流体可以在其中自由运动的物体被称为**导体**，不能在其中自由运动的物体则被称为**绝缘体**。和往常一样，不能把这种区分看得太认真，理想的导体和绝缘体都是一种永远无法实现的虚构。金属、大地、人体都是导体的例子，但导电性各不相同。玻璃、橡胶、瓷器等等都是绝缘体。空气仅在部分程度上是绝缘体，这是见到上述实验的人都知道的。静电实验若是结果不好，通常都会归因于空气湿度，因为湿度会增加空气的导电性。

这些理论假设已经足以解释上述三个实验了。现在我们按照原先的顺序再来讨论一下这三个实验，不过是借助于电流体理论。

1. 和其他任何物体一样，橡胶棒在正常情况下是电中性的。它包含数量相等的正、负两种电流体。用法兰绒摩擦它，就把两种电流体分开了。这纯粹是一种习惯上的约定，因为它是用理论创造出来的术语来描述摩擦过程。摩擦之后橡胶棒多余的电被称为"负电"，这个名称当然只是约定罢了。假如实验是用毛皮摩擦玻璃棒，我们就不得不把多余的电称为"正电"，以和业已接受的约定相一致。接着，我们用橡胶棒触碰金属导体，把电流体传送过去。电流体在导体中自由移动，分布于包括金箔在内的整个导体。由于负电与负电相互排斥，两片金箔会尽可能地张开，就像我们观察到的那样。金属要放在玻璃或其他绝缘体上，这样，只要空气的电导率允许，电流体就可以留在导体上。现在我们知道在实验开始之前为何必须用手触碰金属棒了，因为这样一来，金属、人体和大地就构成了一个巨大的导体，电流体被大大稀释，验电器上几乎已经没有什么电流体了。

2. 第二个实验开始时和第一个实验完全一样。但这次橡胶棒不再触碰金属棒，而只是靠近它。导体中的两种电流体可以自由移动，所以被分开了，一种被吸引，另一种被排斥。若把橡胶棒移走，它们会重新混合起来，因为不同类的电流体会相互吸引。

3. 现在把金属棒分成两节,然后移走橡胶棒。这时两种电流体无法混合,金箔保留了多余的那种电流体,所以仍然张开。

借助于这个简单的理论,上述所有事实似乎都变得可以理解了。它不仅能使我们理解这些现象,还能使我们理解"静电学"领域的其他许多事实。每一个理论都旨在帮助我们理解新的事实,做新的实验,从而发现新的现象和定律。举一个例子就明白了。设想对第二个实验做些调整。我拿橡胶棒靠近金属棒,同时又用手指触碰金属棒,会有什么情况发生呢?理论给出的回答是:受橡胶棒排斥的负(一)电流体现在可以经由我的身体逃逸,结果只有正(十)电流体留在金属棒中,只有靠近橡胶棒的那个验电器的金箔仍然张开。实际做出的实验证实了这个预言。

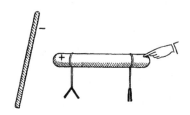

这个理论当然还很简陋,而且从现代物理学的观点来看是不恰当的,但它却是一个很好的例子,表明了每一个物理理论的典型特征。科学中没有永恒的理论,理论预言的事实往往会被实验推翻。每一个理论都有它逐渐发展和成功的时期,之后则可能迅速衰落。前面讨论的热质说的兴衰便是一例,以后还会讲到其他更为深刻和重要的例子。科学中几乎每一项重大进展都是源于旧理论遇到了危机,最后通过努力找到了解决困难的方法。我们必须考察旧观念和旧理论，虽然它们属于过去，但只有考察它们，才能理解新观念和新理论的重要性以及在何种程度上有效。

在本书开头，我们曾把科学家比作侦探，先要搜集所需的事实，然后通过纯粹的思考去寻找正确答案。必须认为，至少在一个关键点上，这种比较是很表面的。无论在生活中还是在侦探小说中，犯罪都是既定的事实。侦探必须寻找信件、指纹、子弹、枪支等，但他至少知道有一桩谋杀案。而科学家却不然。不难想象有人对于电一无所知，因为古人都不了解电，却生活得很快乐。假定把做那三个实验所需的金属棒、金箔、瓶子、硬橡胶棒、法兰绒等都交给这样一个人。他也许很有教养，但可能会用瓶子盛酒，用法兰绒做抹布，而从不会想到拿它们去做上述实验。对侦探而言，犯罪是既定的事实，问题是：究竟谁杀了人？而科学家不仅要进行侦察，至少在部分程度上还要亲自犯罪。此外，他所要解释的案件不止一个，所有已经发生或可能发生的现象他都要解释。

在引入电流体概念时，我们看到了力学观的影响，因为力学观试图用物质和在物质之间起作用的简单力来解释一切事物。要想知道能否用力学观来描述电现象，必须考虑下面这个问题。假定有两个带电的小球，就是说都带有某种多余的电流体。我们知道，这两个小球要么相互吸引，要么相互排斥。但是，力只与距离有关吗？如果是，具体关系如何？最简单的猜测似乎是，这种力与距离的关系就像万有引力与距离的关系一样，例如距离增加到 3 倍，力的强度就减小到原来的 1/9。库仑（Coulomb）所做的实验表明这个定律的确有效。在牛顿发现万有引力定律一百年之后，库仑发现电力与距离也有类似的关系。但牛顿定律与库仑定律有两个重要差异：万有引力总是存在，而电力只在物体带电时才存在；万有引力只是吸引，而电力则可以吸引或排斥。

　　这里产生了我们前面联系热现象讨论过的一个问题。电流体作为实体是否有重量呢？换句话说，一块金属带电时的重量和不带电时的重量是否相同？我们用天平称量的结果表明没有差别，由此可以断定，电流体也是一种无重量的实体。

　　电理论的进一步发展需要引入两个新的概念。我们还是避免严格的定义，而是与我们熟悉的概念进行类比。我们还记得，区分热和温度对于理解热现象是多么重要。这里区分电势和电荷也同样重要。为了弄清楚这两个概念的区别，我们不妨作以下类比：

　　　　电势—温度
　　　　电荷—热

　　两个导体，例如两个尺寸不等的球，可以有相同的电荷，也就是说，多余的电流体相同，但两者的电势是不同的：小球的电势较高，大球的电势较低。小球上电流体的密度较大，也更受到压缩。由于斥力必定随密度而增加，所以小球上电荷的逃逸趋势要比大球大。电荷逃离导体的这种趋势就是电势的直接量度。为了清楚地说明电荷与电势的差别，我们可以把受热物体的行为和带电导体的行为作一比照：

热	电
起初温度不同的两个物体，互相接触一段时间之后达到相同的温度。	起初电势不同的两个绝缘导体，相互接触之后很快达到相同的电势。
等量的热会在两个热容不同的物体中产生不同的温度变化。	等量的电荷会在两个电容不同的物体中产生不同的电势变化。
温度计与物体相接触，通过水银柱的高度显示出自己的温度，因而也显示出物体的温度。	验电器与导体相接触，通过金箔的张开程度显示出自己的电势，因而也显示出导体的电势。

但这种类比不能推得太远。下面这个例子在显示其相似性的同时，也显示了它们的差异。如果让一个热物体与一个冷物体相接触，热会从热物体流向冷物体。另一方面，假定有两个绝缘的导体，它们电荷相等，电性相反，即一个带正电，另一个带负电。两者的电势各不相同，我们习惯上认为，负电荷的电势比正电荷的电势低。现在把两个导体合在一起或者用导线连接起来，那么根据电流体理论，它们将显示出不带电荷，因此根本不会有电势差。我们只能设想，在电势差得到平衡的很短时间内，电荷从一个导体"流"向了另一个导体。但它是怎样流的呢？是正的电流体流向带负电的物体，还是负的电流体流向带正电的物体呢？

　　仅凭这里给出的材料，我们无法判定两者之中哪个是对的。我们可以假定这两种可能性，甚至可以假定同时有双向流动。我们知道无法用实验来解决这个问题，它只涉及习惯上的约定，选择本身并没有什么意义。后来发展出了一种深刻得多的电理论，能够回答这个问题。用简单而原始的电流体理论来表述这种理论是完全没有意义的。这里我们只是径直采用以下表达方式：电流体从电势较高的导体流向电势较低的导体。于是，在上述两个导体中，电从带正电的导体流向带负电的导体。这种表述完全是一种习惯，在这里甚至是任意的。所有这些困难都表明，热与电之间的类比绝非完备。

　　我们已经看到，可以用力学观来描述静电学的基本事实。同样，也可以用力学观来描述磁现象。

2. 磁流体

　　这里我们将和以前一样，先谈几个非常简单的事实，再去寻求理论解释。

　　1.有两根长磁棒，一根自由地悬浮在中央，另一根拿在手里。把两根磁棒的末端靠近，使两者之间产生强烈的吸引。这总是能够做到的。如果没有产生吸引，就把磁棒掉过来，试试另一端。只要棒有磁性，就一定有现象发生。磁棒的两端被称为它的

磁极。接下来，我们把手持磁棒的磁极沿着另一个磁棒移动，此时我们发现吸引力减小了。而当磁极到达那根悬浮磁棒的中央时，就显示不出任何力了。如果继续沿同一方向移动磁极，就会出现排斥力，到达悬浮磁棒的另一极时排斥力最大。

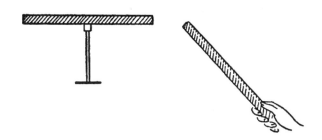

2. 上述实验又引出了另一个实验。每根磁棒都有两个磁极，我们难道不能分离出其中一极吗？想法很简单，只要把磁棒分成相等的两段就可以了。我们已经看到，一根磁棒的磁极与另一根磁棒的中央之间是没有力的。但实际把一根磁棒折成两段，其结果却是惊人和出乎意料的。如果按照上述实验再做一次，不过这次是用悬浮磁棒的一半，那么结果完全相同。本来无磁力可循的地方，现在成了很强的磁极。

如何解释这些事实呢？由于磁现象和静电现象一样有吸引和排斥，我们可以仿照电流体理论来建立一种磁理论。假定有两个球形导体，电荷相等，电性相反。这里的"相等"是指有相同的绝对值，例如 +5 和 −5 就有相同的绝对值。假如用一种玻璃棒之类的绝缘体把这两个球连接起来，这种安排可以用一个从带负电导体指向带正电导体的箭头来表示。我们把整个东西称为**电偶极子**。显然，这样两个偶极子的行为将和第一个实验中的

两根磁棒完全一样。若把这项发明看成一根实际磁棒的模型，我

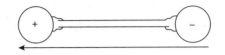

们可以说，假定有磁流体存在，那么磁棒不过就是一个**磁偶极子**罢了，它的两端有两种不同类的磁流体。这个模仿电理论建立起来的简单理论足以解释第一个实验。一端应该是吸引，另一端是排斥，在中央则是两种相等而相反的力互相抵消。那么第二个实验呢？把电偶极子的玻璃棒折断，我们得到两个孤立的极。折断磁偶极子的铁棒应该也是如此，但这与第二个实验的结果相矛盾。这个矛盾迫使我们介绍一种更为复杂的理论。我们放弃之前的模型，想象磁棒由许多非常小的**基本**磁偶极子所组成，这些基本磁偶极子不再能折断成独立的极。有一种秩序在统治着整个磁棒，因为所有基本磁偶极子都有相同的指向。我们马上就会知道，为什么把一根磁棒折成两段之后，新的两端又会变成新的两极，以及这个更精致的理论为何既能解释第二个实验，又能解释第一个实验。

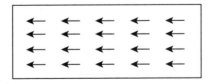

有许多事实用那个简单的理论也能解释，精致的理论似乎是不必要的。举例来说，我们知道磁棒会吸引铁片。为什么呢？因为在普通的铁片中，两种磁流体是混合在一起的，因此不会产

生净效应。把磁棒的正极靠近铁，对磁流体起着"令其分开"的作用，吸引负的磁流体而排斥正的磁流体，结果导致铁与磁棒相互吸引。移走磁棒之后，磁流体又或多或少恢复到原先的状态，恢复多少要看它们在多大程度上"记住"了外力的命令。

我们无须详述这个问题的定量方面。把两根很长的磁棒相互靠近，我们可以研究其磁极的吸引或排斥。如果磁棒足够长，棒的另一端的影响就可以忽略。引力或斥力与磁极之间的距离是什么关系呢？库仑实验给出的回答是：这种关系与牛顿的万有引力定律和库仑的静电学定律是一样的。

我们再次看到，这个理论应用了一个一般观点，即倾向于通过引力和斥力来描述一切现象，这些力只与距离有关，而且作用于不变的粒子之间。

这里不妨提到一个众所周知的事实，因为以后我们还会用到它。地球是一个巨大的磁偶极子。至于为何如此，我们无法解释。北极大致是地球的负（−）磁极，南极则大致是地球的正（＋）磁极。正负的名称仅仅是习惯上的约定，然而一旦固定下来，我们就可以在任何其他情况下指定磁极。装在竖直轴上的磁针将会服从地球磁力的命令。磁针的（＋）极指向北极，也就是说指向地球的（−）磁极。

虽然在这里介绍的电现象和磁现象的领域，我们可以前后一致地贯彻力学观，但对此不必感到特别自豪或欣喜。这个理论的某些特征即使不让人灰心，也肯定不能令人满意。我们不得不发明新的实体：两种电流体和基本磁偶极子。不得不说，实体实在是太多了。

力是简单的，引力、电力和磁力都可以用类似的方式来表达。但为了这种简单性，我们也付出了高昂的代价，即引入了新的无重量实体。这些都是非常人为的概念，而且与质量这种基本实体没有什么关系。

3. 第一个严重困难

现在可以指出应用我们的一般哲学观所遇到的第一个严重困难了。后面我们还会看到，由于这个困难以及另一个更严重的困难，我们关于一切现象都可以作力学解释的信念彻底破灭了。

自从发现电流，电学作为科学技术的一个分支才有了迅猛发展。这里我们看到了科学史上一个极为罕见的例子，表明偶然事件似乎起了关键作用。蛙腿抽搐的故事有诸多不同版本，不管细节的真实性如何，无疑是伽伐尼（Galvani）的偶然发现使伏打（Volta）在 18 世纪末发明了所谓的伏打电池。这种电池早已没有什么实际用途，但学校的实验和教科书一直把它作为一个很简单的例子来说明电流的来源。

伏打电池的构造原理很简单。拿几个玻璃杯，里面盛上水和一点硫酸。每一个玻璃杯的溶液中都浸有两个金属片，一为铜片，一为锌片。将一个玻璃杯中的铜片与下一个玻璃杯中的锌片连接起来，只有第一个杯中的锌片和最后一个杯中的铜片没有连接。如果组成电池的装有金属片的玻璃杯即"元件"的数目足够多，我们用较为灵敏的验电器就可以发现第一个杯中的铜片和最后一个杯中的锌片之间有电势差。

仅仅是为了用上述仪器获得某种容易测量的东西，我们才介绍了由若干个装有金属片的玻璃杯组成的电池。而在后面的讨论中，用一个装有金属片的玻璃杯就够了。事实证明，铜的电势比锌更高。这里是在 +2 比 −2 更大的意义上使用"更高"的。如果把一个导体连接到那个空着的铜片上，把另一个导体连接到那个空着的锌片上，那么两者都会带电，前者带正电，后者带负电。到这里为止，还没有什么特别新或引人注目的现象出现，我们也许会尝试运用以前关于电势差的观念。我们已经看到，如果用导线把两个电势不同的导体连起来，电势差会迅速消失，因此有电流体从一个导体流向另一个导体。这个过程类似于热流使温度变得相等。但伏打电池的情况也是如此吗？伏打在其实验报告中写道，金属片的行为和导体一样：

> ……微弱地带电，它们不停地起作用，或者说在每一次放电之后，又会有新的电荷。总而言之，它提供了无穷无尽的电荷，或者说产生了持久的电流体作用或推动。

这个实验的惊人结果是，与两个带电导体用导线连接起来的情况不同，铜片与锌片之间的电势差并没有消失。既然电势差仍然存在，根据电流体理论，它必定会使电流体从高电势（铜片）持续流向低电势（锌片）。在试图挽救电流体理论的过程中，我们可以假定有某个恒常的力使电势差不断再生，从而引起电流体的流动。但是从能量的观点来看，整个现象令人惊讶。在电流通过的导线中产生了相当多的热量，导线若是较细，甚至会被熔化。因此，导线中产生了热能。但是由于外部没有提供能量，整个伏打电池形成了一个孤立系统。如果不想放弃能量守恒定律，就必须查明能量转变发生在何处，热能是如何转变出来的。不难理解，电池内部正在发生复杂的化学过程，溶液本身及浸在溶液中的铜片和锌片都积极参与了这个过程。从能量的观点来看，正在发生的转变链条是这样的：化学能→流动的电流体即电流的能量→热。伏打电池并不能持久，与电流相关的化学变化很快就会使电池失去效用。

大约一百二十年前，奥斯特（Oersted）做了一个实验，它实际揭示了应用力学观的巨大困难。这个实验初听上去很奇怪。他报告说：

> 这些实验似乎表明，借助于一个伽伐尼装置可以使磁针移动位置，但只有在伽伐尼电路闭合时才可以。几年前，一些非常著名的物理学家曾经尝试在电路断开时使磁针移动位置，但没有成功。

假定我们有一个伏打电池和一根导线。如果把导线连接在铜片上，而没有连接在锌片上，那么会有电势差，但不会有电流。把导线弯成一个圈，在其中央放一根磁针，导线和磁针处于同一平面。只要导线不接触锌片，就什么也不会发生。没有力在起作用，现存的电势差对磁针的位置没有任何影响。似乎很难理解为什么奥斯特所说的那些"非常著名的物理学家"会期待有这种影响。

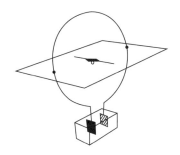

现在把导线连接在锌片上，奇怪的事情立刻发生了。磁针偏离了原先的位置。如果书页代表线圈所在的平面，那么磁针的一极现在将指向读者。这是一个垂直于线圈平面的力作用于磁极所产生的结果。在实验事实面前，我们不可避免会得出这样一个关于力的作用方向的结论。

这个实验之所以有趣，首先是因为它显示了磁性和电流这两种表面上完全不同的现象之间的关系。还有一个方面甚至更为重要。磁极与电流流经的一小部分导线之间的力不是沿着导线与磁针的连线，也不是沿着电流粒子与基本磁偶极子的连线，而是垂直于这些线。按照力学观的看法，我们希望把外在世界的一切作用都归结为同一种力，而现在第一次出现了一种与之不同的力。我们还记得，服从牛顿定律和库仑定律的引力、静电力和磁力都是沿着两个相互吸引或排斥的物体的连线起作用的。

大约六十年前，罗兰（Rowland）做了一个精巧的实验，更加揭示了这个困难。抛开技术细节不谈，这个实验可以描述如下。设想有一个带电的小球，沿着圆形轨道迅速移动，圆心处有一根磁针。这个实验原则上与奥斯特的实验并无二致，唯一的区别在于，他没有用普通电流，而是用了一种通过力学方式产生的电荷运动。罗兰发现，实验结果的确类似于电流通过线圈时观察到的结果，一个垂直的力使磁针发生偏转。

　　现在让电荷运动得更快，作用于磁极的力因此而增大，磁针更加偏离原先的位置。这一结果引出了另一个严重的困难。不仅力不在磁针与电荷的连线上，力的强度还依赖于电荷的速度。整个力学观都基于这样一种信念，认为一切现象都可以通过只依赖于距离而不依赖于速度的力来解释。罗兰的实验结果显然动摇了这个信念。不过我们也许仍然愿意选择保守，在旧观念的框架内寻求解答。

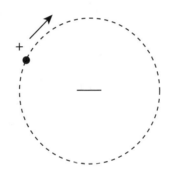

　　一种理论在顺利发展时，突然遇到了出乎意料的障碍，这种困难在科学上屡见不鲜。有时把旧观念加以简单推广似乎不失为一个好办法，至少暂时是这样。例如在目前的情况下，把之前的观点拓宽，在基本粒子之间引入一些更一般的力似乎就够了。但旧理论往往已经无法修补，困难最终会使之崩溃，新理论随之兴起。把基础看似牢固并且大获成功的力学理论推翻的不只是一根小磁针的行为。更有力的一击来自完全不同的角度，但这是另一个故事，我们以后再谈。

4. 光速

在伽利略的《两门新科学》（*Two New Sciences*）中，有一段话是老师和学生们在讨论光速：

> 萨格雷多（Sagredo）：我们应该认为这个光速属于哪一类以及有多大呢？光的运动是瞬时的，还是像其他运动一样需要时间呢？我们能用实验来解决这个问题吗？
>
> 辛普里丘（Simplicio）：日常经验表明，光的传播是瞬时的，因为当我们看见远处开炮时，闪光无需时间便传到了我们的眼睛，而声音却要经过一段时间才能传到耳朵。
>
> 萨格雷多：那么，辛普里丘，由这点熟悉的经验我只能推论出，传到我们耳朵的声音比光传播得更慢；它并没有告诉我光的传播究竟是瞬时的，还是虽然传播极快也总是需要时间……
>
> 萨尔维亚蒂（Salviati）：诸如此类的观察曾引导我设计出一种方法，由它可以准确地查明光的传播究竟是否是瞬时的……

萨尔维亚蒂进而解释了他的实验方法。为了理解他的想法，让我们设想光速不仅有限，而且很小，光的运动就像在慢动作影片中一样慢下来。甲乙二人各自拿一盏遮住的灯相距 1 英里站着。甲先打开他的灯。两人事先约定，乙一看见甲的灯就立即打开自己的灯。假定在我们的"慢动作"中，光每秒钟走 1 英里。甲移去灯上的遮盖物，从而发出一个信号。乙在 1 秒钟后看到它，并发出一个应答信号。甲在发出自己信号 2 秒钟之后收到乙的信号。也就是说，假定光速为 1 英里每秒，那么从甲发出信号到甲收到 1 英里以外乙的信号需要 2 秒钟。反过来，如果甲不知道光速，但其同伴是遵守约定的，他注意到自己的灯打开 2 秒钟之后乙的灯也打开了，他就可以断定光速为 1 英里每秒。

凭借当时的实验技术，伽利略当然无法以这种方式测定光速。如果距离是 1 英里，他必须能够检测出 10^{-5} 秒量级的时间间隔！

伽利略提出了测定光速的问题，但没有解决它。提出一个问题往往要比解决一个问题更重要，解决一个问题也许只是数学或实验技巧上的事情而已。而提出新的问题、新的可能性，从新的角度去看旧的问题，却需要创造性的想象力，标志着科学的真正进步。正是通过从新的角度原创性地思考业已熟知的实验和现象，我们才得到了惯性原理和能量守恒定律。接下来，我们还会看到很多这样的事例，我们会着重强调从新的角度看待已知事实的重要性，并且会描述一些新理论。

再回到相对简单的光速测定问题。奇怪的是，伽利略没有意识到他的实验可以更为简单准确地做出来。他不必请一位伙伴站在远处，只要在那里安一面镜子就够了，接收到光以后，镜子会立刻自动把信号发送回来。

大约二百五十年后，斐索（Fizeau）才使用了这个原理，他第一次通过地面实验测定了光速。在斐索之前，罗默（Roemer）已经通过天文学的观测结果测定了光速，但不够精确。

显然，由于光速非常大，要想测量它，所取的距离必须堪比地球与太阳系中另一颗行星的距离，或者大大改进实验技术。罗默采用了第一种方法，斐索则采用了第二种方法。在这些最早的实验之后，这个非常重要的光速数值又被多次测定，而且越来越精确。在20世纪，迈克尔孙（Michelson）为此设计了一种非常精巧的仪器。这些实验的结果可以径直表达为：光在真空中的速度约为每秒186000英里或300000公里。

5. 光作为实体

我们再从几个实验事实开始讲起。刚才引用的数值是光在真空中的速度。如果不受干扰，光会以这种速度穿过真空。抽出空玻璃容器中的空气，我们仍然可以透过它看见东西。我们看到行星、恒星、星云，但它们的光是经过真空传到我们眼睛的。无论容器中是否有空气，我们都能透过它看见东西，这个简单的事实表明，空气是否存在是无关紧要的。因此，我们在普通房间做光学实验与在没有空气的地方做实验会得到同样的结果。

一个最简单的光学事实是光沿直线传播。有一个原始而简单的实验可以证明这一点。在点光源前面放置一个开有小孔的屏。点光源是一个非常小的光源，比如在遮住的灯笼上开一个小口。屏上的小孔在远处的墙上将会呈现为黑暗背景上的光斑。

下图显示了这个现象与光沿直线传播的关系。所有这些现象，甚至是出现光、影和半影的那些更复杂的情况，都可以通过假设光**在真空中**或空气中沿直线传播来解释。

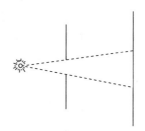

再举一个光穿过物质的例子。一束光穿过真空落在玻璃板上，会有什么情况发生呢？如果直线传播定律仍然有效，光束的路径应如图中虚线所示。但实际上并非如此。如图所示，光束的路径偏转了，这种现象被称为**折射**。把一根棍子的一半浸在水中，这根棍子看起来似乎在中间处折断了，这个众所周知的现象就是折射现象的一个例子。

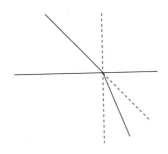

这些事实已经足以指明应当如何设计一种关于光的简单力学理论了。这里我们旨在说明实体、粒子和力的观念是如何进入光学领域的，以及这种旧的哲学观点最终是如何崩溃的。

这里提出的理论是其最简单、最原始的形式。假定所有发光物体都会发射光的粒子或**微粒**，这些微粒落在我们眼睛里便产生了光感。为了作出力学解释，我们已经习惯于引入新的实体，因此现在可以毫不犹豫再引入一种。这些微粒必须以已知的速度沿直线穿过真空，并把信息从发光物体带到我们的眼睛。所有展示光的直线传播的现象都支持微粒说，因为给微粒指定的运动正是直线运动。这个理论还对光的镜面反射作了非常简单的解释，认为这种反射就像弹性小球撞在墙上时发生的那种反射一样，此力学实验如下图所示。

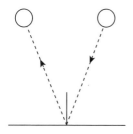

对折射的解释要更困难一些。如果不深入细节，我们可以看出作一种力学解释的可能性。例如，假定微粒落在玻璃表面，玻璃中的物质粒子或许会对这些微粒施加一个力，不过奇怪的是，这种力只有在最邻近的物质周围才会起作用。我们知道，任何作用于运动粒子的力都会使粒子改变速度。如果作用于光微粒的净力是垂直于玻璃表面的引力，那么新的运动将会处于原先的路径与垂线之间。这种简单的解释似乎可以保证光的微粒说取得成功，但要确定这个理论的用处和有效范围，就必须研究新的更复杂的事实。

6. 颜色之谜

同样是天才的牛顿第一次解释了世界上万紫千红的颜色。以下是牛顿对一个实验的描述：

> 1666年初，我正在磨制一些非球面的光学玻璃。我做了一个三角形的玻璃棱镜，以便试验那些著名的颜色现象。为此，我把房间弄暗，在窗户上做了一个小孔，让适量的日光透进来。我把棱镜放在光的入口处，使光能够折射到对面的墙上。我第一次看到由此产生的鲜艳浓烈的颜色，真是备感愉悦。

太阳光是"白色"的。经过棱镜之后，它便显示出可见世界中存在的各种颜色。自然本身在彩虹的美丽颜色中再现了同样的结果。很早就有人试图解释这种现象，《圣经》中说，彩虹是神与人立约的签名，在某种意义上，这也是一种"理论"。但它无法令人满意地解释为何彩虹会反复出现，而且总是同雨联系在一起。正是牛顿的伟大工作第一次从科学上处理了整个颜色之谜，并且给出了解答。

彩虹的一条边总是红的，另一条边总是紫的，其间排列着所有其他颜色。牛顿对这种现象的解释是：每一种颜色已经存在于白光中，所有颜色一致地穿过星际空间和大气，呈现出白光的效果。可以说，白光是属于不同颜色的不同种类微粒的混合。在牛顿的实验中，棱镜将它们从空间上分开了。根据力学理论，折射缘于玻璃粒子发出的力作用于光微粒。这些力对不同颜色光微粒的作用是不同的，对紫色光的微粒作用最大，对红色光的微粒作用最小。因此，光离开棱镜时，每一种颜色会沿着不同的路径折射，从而相互分开。在彩虹的情况下，水滴起着棱镜的作用。

现在，光的实体理论比以前更为复杂。光的实体不是一种，而是有很多种，每一种实体都属于不同的颜色。但倘若这个理论不无道理，它的推论就必须与观察相一致。

牛顿实验所揭示的太阳白光中的颜色序列被称为太阳**光谱**，或者更确切些说，是太阳的**可见光谱**。像上面那样把白光分解成它的各个组分被称为光的**色散**。如果这种解释不错，那么用第二个校准的棱镜可以把分开的谱色再次混合起来。这一过程应当正好与前一过程相反，从前已分开的颜色应当可以得到白光。牛顿用实验表明，通过这种简单的方式，的确可以无数次从白光的光谱获得白光，或者从白光获得光谱。这些实验强烈支持一个理论：属于每一种颜色的微粒，其行为都像不变的实体。牛顿写道：

> ……那些颜色不是新产生的，而是在分开之后才显现出来；因为如果重新把它们混合起来，它们又会组合成分开以前的那种颜色。同理，把各种颜色混合起来所发生的变化并不真实，因为如果把这些不同种类的射线再次分开，它们又会呈现出进入合成之前的那种颜色。我们知道，若把蓝色和黄色的粉末细致地混合起来，肉眼看起来会是绿色，但组

分微粒的颜色并不因此而发生实际变化，而只是混合起来罢了。如果用一个良好的显微镜去观察，它们仍会呈现为散布着的蓝色和黄色。

假定我们已经从光谱中隔离出一个窄条，也就是说，在所有颜色当中，我们只让一种颜色通过缝隙，其余的都被屏挡住，那么通过缝隙的光束将是**单色**光，亦即不能继续分解为进一步组分的光。这是理论的一个推论，很容易用实验来验证。这样一束单色光无论用何种方式都不能进一步分解。单色光的光源很容易获得，比如炽热的钠就会发出单色的黄光。用单色光来做一些光学实验往往很方便，因为这样一来，实验结果会简单得多。

假定突然发生了一件怪事：太阳只射出某种特定颜色的单色光，比如黄光，那么地球上的种种颜色将会立即消失，一切都是黄色或黑色的！该预言是光的实体理论的一个推论，因为新的颜色无法被创造出来。其有效性可以用实验来验证：在一个以炽热的钠为唯一光源的房间里，一切都是黄色或黑色的。世界上万紫千红的颜色反映了组成白光的各种颜色。

在所有这些情况下，光的实体理论似乎都很管用。但它必须为每种颜色引入一种实体，这使我们感到有些不舒服。假定所有光微粒在真空中都有完全相同的速度也显得很人为。

可以设想，有另一组假设、一种性质完全不同的理论也能同样出色地给出一切所需的解释。事实上，我们很快就会看到另一种理论的兴起，它基于完全不同的概念，却能解释同样的光学现象。不过在提出这个新理论的基本假设之前，必须回答一个与这些光学考虑毫无关系的问题。我们必须回到力学，追问：

7. 波是什么？

伦敦的一个谣言很快就会传到爱丁堡，尽管没有一个传播谣言的人来往于这两座城市之间。这里涉及两种非常不同的运动，一种是谣言从伦敦到爱丁堡的运动，另一种则是谣言传播者的运动。风经过麦田会泛起波浪，后者掠过整个麦田传播出去。这里我们必须再次区别波的运动和每颗麦穗的轻微摆动。众所周知，把石头丢入池塘会泛起波浪，这些波浪以越来越大的圆圈传播开去。波的运动与水粒子的运动非常不同。粒子只是上下移动。我们观察到的波的运动是物质状态的运动，而不是物质本身的运动。我们从浮在波上的软木塞可以清楚看到这一点，因为软木塞不是被波带着走，而是在仿照水的实际运动上下移动。

为了更好地理解波的机制，我们再考察一个理想实验。假定一个很大的空间中非常均匀地充满着水、空气或其他某种"介质"。中心某处有一个球体，实验之初没有任何运动。突然，球体开始有节奏地"呼吸"起来，体积一胀一缩，但保持球形不变。那么介质中会发生什么呢？我们从球体开始膨胀那一刻开始考察。球体周围最近的介质粒子被外推，致使那一球层水或空气的密度超过其正常值。同样，当球体收缩时，球体周围最近的那部分介质的密度将会减小。这些密度变化会传遍整个介质。构成介质的粒子只作微小的振动，但整个运动却是一个向前行进的波的运动。这里的全新之处在于，我们第一次考察了这样一种东西的运动，这种东西不是物质，而是借助于物质来传播的能量。

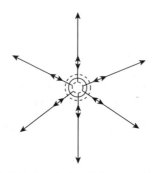

利用这个振动球体的例子，我们可以引入两个对描述波至关重要的一般物理概念。第一个概念是波的传播速度。它与介质有关，比如水波的传播速度就不同于空气波的传播速度。第二个概念是**波长**。海波或河波的波长是从一个波的波谷到下一个波的波谷的距离，或者从一个波的波峰到下一个波的波峰的距离。于是，海波的波长大于河波的波长。而就振动球体所引起的波而言，波长是在某个特定时间显示出最大或最小密度的两个相邻球壳之间的距离。显然，这个距离不单与介质有关。球体的振动速度肯定有很大影响，振动越快波长越短，振动越慢则波长越长。

事实证明，这个波的概念在物理学中非常成功。它肯定是一个力学概念。波的现象可以归结为粒子的运动，而根据运动论，粒子是物质的组分。因此一般来说，任何使用波的概念的理论都可以被视为力学理论。例如，对声学现象的解释本质上便是基于这个概念。声带和琴弦等振动物体都是声波的波源，我们可以像前面解释振动球体一样解释声波在空气中的传播。因此，借助波的概念可以把所有声学现象都归结为力学。

我们已经强调，必须区分粒子的运动和波本身的运动，波只是介质的一种状态。这两种运动非常不同，但是在振动球体的例子中，这两种运动显然都沿着同一直线。介质粒子沿着很短的线段振动，密度则随着这种运动周期性地增减。波的传播方向与振动方向是相同的，这种类型的波被称为**纵波**。但波只有这一种吗？非也。还有一种波被称为**横波**。

让我们对前面的例子做些改动。我们把那个球体浸在一种胶状的介质中，而不是浸在空气或水中。此外，球体不再振动，而是先朝一个方向转一个小角度，再朝相反的方向转回来，且始终按照同一节奏围绕确定的轴转动。胶状物粘附在球体上，粘附的部分被迫模仿球体运动。这些部分又迫使更远一点的部分模仿同一运动，如此下去，便在介质中产生了波。如果我们还记得介质运动与波的运动之间的区分，就会发现它们在这里并非处于同一直线。波是沿着球体半径的方向传播的，而各部分介质的运动则垂直于这个方向，这样便形成了横波。

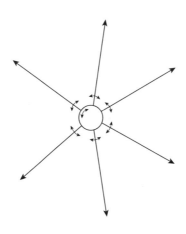

在水面上传播的波是横波。浮在水上的软木塞上下跳动，波却沿着水平面传播。另一方面，声波则是我们最熟悉的纵波的例子。

此外，在均匀介质中，振动球体所产生的波是**球面波**。之所以这样称呼它，是因为在任一特定时刻，围绕波源的任何球面上的各点都以同样的方式行为。让我们考察距离波源很远的这样一个球面的一部分。这个部分离得越远并且取得越小，它就越像一个平面。如果无需太严格，可以说平面的一部分和半径足够大的球体的一部分并无实质差别。我们常常把距离波源很远的球面波的一小部分称为**平面波**。图中阴影部分距离球心越远，两个半径的夹角取得越小，就越能体现平面波的特点。和其他许多物理概念一样，平面波的概念也仅仅是一种虚构，只有一定程度的准确性。但这个概念很有用，我们以后还会用到。

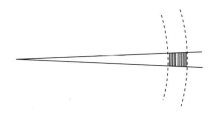

8. 光的波动说

让我们回忆一下前面中断描述光学现象的原因。我们的目的是要介绍另一种光学理论，该理论不同于微粒说，但也试图解释同一事实领域。为此，我们不得不中断叙事而介绍波的概念。

现在我们可以言归正传了。

与牛顿同时代的惠更斯（Huygens）提出了一种全新的理论。他在光学论著中写道：

> 此外，如果我们现在所要考察的光的行进需要时间，那么这种在介质中传播的运动就是相继的；因此，它和声音一样是以球面和波的形式来传播的。我之所以称它为波，是因为它与石头丢在水里所激起的波类似，这些波也是以一个个圆圈相继传播出去的。不过产生这些圆圈是出于另一个原因，而且只在平面上进行。

按照惠更斯的说法，光是一种波，它是能量的迁移而不是实体的迁移。我们已经看到，微粒说解释了许多观察到的事实，光的波动说也能做到这一点吗？我们必须把微粒说已经回答过的问题再问一遍，看看波动说是否也能回答得这么好。这里我们将采用对话的形式，一方是牛顿微粒说的信徒，简称"牛"；另一方则是惠更斯学说的信徒，简称"惠"。事先规定，两人都不许利用这两位老师死后发展出来的论证。

牛：在微粒说中，光速有非常明确的意义，那就是微粒穿过真空的速度。在波动说中它是什么意义呢？

惠：它当然意指光波的速度。人人都知道，波是以某个确定的速度传播的，光波也不例外。

牛：这并不像看起来那么简单。声波在空气中传播，海波在水中传播，每一种波都必须有一种物质性的介质才能在其中传播。但光能穿过真空，声音却不能。假设真空中的波其实等于根本没有假设波。

惠：是的，这是一个困难，不过对我来说并非新的困难。我的老师非常认真地想过这个问题，认为唯一的出路就是假定存在着一种假想的实体——以太，这是一种充斥于整个宇宙的透明介质。可以说，整个宇宙都浸在以太之中。一旦我们有勇气引入这个概念，其他一切就变得清楚而有说服力了。

牛：但我反对这样一个假设。首先，它引入了一种新的假想的实体，而物理学中的实体已经太多了。反对它还有另一个理由。你无疑认为我们必须用力学来解释一切，但以太怎么解释呢？有一个简单的问题你能回答吗：以太是如何由基本粒子构成的，它如何在其他现象中显示自己？

惠：你的第一个反驳当然有道理，但通过引入有些人为的无重量以太，我们立即可以消除那些更加人为的光微粒。我们只有一种"神秘"实体，而不是有无数种实体对应于光谱中极多的颜色。你不觉得这是一种实实在在的进步吗？至少，所有困难都集中在一点上。我们不再需要人为地假设属于不同颜色的粒子都以相同的速度穿过真空。你的第二个反驳也是对的，我们无法对以太作出力学解释，但进一步研究光学现象以及其他现象无疑会揭示出以太的结构。目前我们只能等待新的实验和结论，但我希望我们最终能够解决以太的力学结构问题。

牛：我们先暂时离开这个问题，因为现在无法解决它。即使不考虑那些困难，我也想知道你的理论如何解释那些在微粒说看来非常明白而且容易理解的现象，比如光在真空或空气中沿直线行进。把一张纸放在蜡烛前面，会在墙上产生分明的、轮廓清晰的影子。倘若光的波动说是正确的，那么绝不可能有清晰的影子，因为波会绕过纸的边缘，使影子变得模糊。你知道，海洋中的小船并不能阻挡波，波会径直绕过它而不投下影子。

惠：这个论证并不能让人信服。比如河流中的小波拍击大船侧面，船的一侧产生的波在另一侧就看不到。如果波足够小而船足够大，就会出现一个非常清晰的影子。我们之所以觉得光是沿直线行进的，很可能是因为它的波长远小于普通障碍物以及实验中孔隙的尺寸。如能制作出一个足够小的障碍物，可能就不会出现影子。要制作仪器来表明光能否弯曲，我们可能会碰到很大的实验困难。但如果能设计出这样一个实验，就能对光的波动说和微粒说做一个判决性的结论了。

牛：波动说在未来也许会引出新的事实，但我不知道有什么实验材料能够令人信服地验证它。除非能用实验明确证明光可以弯曲，我看不出有任何理由不相信微粒说。在我看来，微粒说比波动说更简单，因此也更好。

这里对话可以告一段落了，尽管这个话题还没有论述详尽。

我们仍需说明波动说如何解释光的折射和各种颜色。我们知道，微粒说能够做到这一点。我们先从折射开始谈起，但不妨先考察一个与光学无关的例子。

假设有两个人拿着一根坚硬的棍子在一片空旷的场地上走路，两人各执棍子一端。起初他们以相同的速度直着往前走。只要两人速度一样，那么无论速度大小如何，棍子都会作平行的位移,亦即不会改变方向。随后棍子的所有位置都是相互平行的。现在我们设想,在极短的时间之内,也许只有几分之一秒,两人的走路速度不同了,那么会发生什么情况呢?显然,这一瞬间棍子会改变方向,因此不再平行于原先的位置。等到恢复为相等的速度时,棍子的方向已经不同于原来。下图清楚地表明了这一点。方向变化发生在两位行路者速度不同的瞬间。

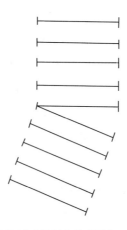

这个例子使我们能够理解波的折射。一列在以太中穿行的平面波碰到一个玻璃盘。在下图中,我们看到一列具有较大波前的波正在行进。波前是一个平面,该平面上以太的各个部分在任何时刻都以相同的方式行为。由于光速依赖于光所通过的介质,因此光在玻璃中的速度不同于光在真空中的速度。在波前进入玻璃的极短时间内,波前的各个部分将有不同的速度。显然,已经到达玻璃的那部分将以光在玻璃中的速度行进,其他部分则仍以光在以太中的速度行进。由于"浸"入玻璃期间波前的各个部分有不同的速度,波本身的方向就发生了变化。

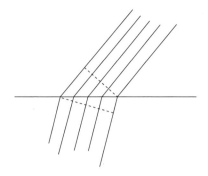

由此可见，微粒说和波动说都可以解释折射。如果再加上一点数学，我们进一步考察就会发现，波动说的解释更简单、更好，而且推论与观察结果完全相符。事实上，如果知道光束进入介质时是如何折射的，我们凭借定量的推理方法就可以推出折射介质中的光速。直接测量出色地证实了这些预言，从而也证实了光的波动说。

还有一个颜色问题没有解决。

我们还记得，波由速度和波长这两个数值来刻画。光的波动说的主要假设是：**不同的波长对应于不同的颜色**。黄光的波长不同于蓝色光或紫色光的波长。现在我们有了波长的自然差异，而不必把属于不同颜色的微粒人为地区分开来。

于是，我们可以用微粒说和波动说这两种不同的语言来描述牛顿关于光的色散实验。例如：

微粒语言	波的语言
属于不同颜色的微粒在真空中速度相同，在玻璃中速度不同。	属于不同颜色的波长不同的光线在以太中速度相同，在玻璃中速度不同。

> 白光是由属于不同颜色的微粒组合而成的，而在光谱中这些微粒被分开了。

> 白光是由各种波长的波组合而成的，而在光谱中这些波被分开了。

对于同一种现象，存在着两种截然不同的理论。为了避免由此产生的混乱，不妨把两者的优缺点作一番认真思考，然后决定支持哪一种。"牛"与"惠"的对话表明，这绝非易事。此时作出的决定与其说是科学的确证，不如说是品味问题。在牛顿时代以及此后的一个多世纪里，物理学家大都支持微粒说。

直到 19 世纪中叶，历史才作出了自己的裁决——支持光的波动说，反对光的微粒说。在与"惠"的对话中，"牛"说原则上可以用实验来裁决这两种理论。微粒说不允许光弯曲，要求存在清晰的影子。而根据波动说，足够小的障碍物不会投下影子。杨（Young）和菲涅耳（Fresnel）用实验实现了这个结果，并给出了理论结论。

我们已经讨论过一个极为简单的实验：将一个有孔的屏放在点光源前面，墙上就会出现影子。我们对这个实验再作些简化，假定光源发射的是单色光。为了得到最好的结果，应当使用强光源，并把屏上的孔做得越来越小。如果使用强光源，并把孔做得足够小，就会出现一种新奇的现象——从微粒说的观点来看，这种现象很令人费解——明与暗之间不再有截然的区分，光渐渐消失于黑暗的背景中，成为一系列亮环和暗环。环的出现正是波动说的典型特征。要想清楚地解释亮环与暗环的交替出现，需要一种略为不同的实验安排。假定有一张黑纸，纸上有两个针孔，光可以从中透过。如果两孔非常接近又非常小，而且单色光源足够强，那么墙上会出现许多亮带和暗带，它们在边上渐渐消失于黑暗的背景中。解释很简单：从一个针孔发出的波的波谷与从另一个针孔发出的波的波峰相遇之处就会出现暗带，因为两者是相互抵消的。而从不同针孔发出的波的两谷或两峰相遇之处就会出现亮带，因为两者是相互加强的。在前面的例子中，我们使用的屏只有一个孔，这里对暗环与亮环的解释要更为复杂，但原理是一样的。我们要牢记，通过两个孔会出现亮带和暗带，通过一个孔会出现亮环和暗环，以后我们还会讨论这两种不同的图像。这个实验显示了光的**衍射**，即把小孔或小障碍物置于光波的行进路线上时光的直线传播发生的偏离。

借助于一点数学我们还可以走得更远。我们可以计算出波长要多大或者不如说要多小，才能产生某种衍射图样。于是，这里描述的实验能使我们测量出单色光源的波长。要想知道这个数有多么小，可以看看太阳光谱两极的波长，即红光和紫光的波长：

红光的波长是 0.00008 厘米。

紫光的波长是 0.00004 厘米。

我们不必惊异于这些数值是如此之小。我们之所以能在自然之中观察到清晰的影子，也就是光的直进现象，仅仅是因为与光的波长相比，我们通常遇到的所有孔隙和障碍物都极为巨大。只有用非常小的障碍物和孔隙才能显示出光的波动性。

然而，对光的理论的寻求还远远没有结束。19世纪的裁决并非最终裁决。对于现代物理学家来说，如何在微粒与波之间作出判断，这个问题依然存在，只不过现在使用的方法要深刻和复杂得多。在没有认识到波动说胜利的可疑性之前，我们先承认微粒说失败了。

9. 光波是纵波还是横波？

我们前面考察过的所有光学现象都支持波动说。光会绕过小的障碍物以及对折射的解释都是支持波动说的强有力证据。以力学观为指导，我们意识到还有一个问题需要回答，那就是如何确定以太的力学性质。要想解决这个问题，必须知道以太中的光波是纵波还是横波。换句话说，光是像声音一样传播吗？光波是因介质密度的变化而起，因此粒子沿着传播方向振动吗？还是说，以太类似于一种弹性的胶状物，因此只能产生横波，以太粒子的运动方向与波本身的传播方向垂直？

在解决这个问题之前，我们试着判断一下哪个答案更可取。显然，如果光波是纵波，那就太好了，因为这样一来，设计一种力学以太要简单得多。我们的以太图景大概很像解释声波传播的气体的力学图景。设想以太传播横波就困难多了。要把一种胶状物想象成由粒子组成的传播横波的介质，这绝非易事。惠更斯相信，以太是"气状的"而不是"胶状的"。但大自然很少理会我们给它的限制。在这件事情上，大自然会慷慨地允许物理学家从力学观点来理解所有事件吗？为了回答这个问题，我们必须讨论几个新实验。

我们只详细讨论许多实验中的一个，这个实验能给我们一个答案。假定我们用一种特殊方法切出电气石晶体的薄片。晶体片必须很薄，这样我们才能透过它看到光源。现在，取两个这样的薄片放在我们的眼睛与光源之间，我们会期望看到什么呢？倘若薄片足够薄，我们会再次看到一个光点。实验很可能会证实我们的期望。假定我们不必担心这个结果是偶然造成的，而的确是透过两个晶体片看到光点的。现在我们慢慢转动其中一个晶体片以改变它的位置。转动所围绕的轴必须固定不变，上面这句话才有意义。我们将以入射光所确定的线为轴，也就是说除了轴上各点，我们移动了一个晶体片上所有点的位置。奇怪的事情发生了！光越来越弱，最后完全消失。随着转动的继续，它将重新出现，达到初始位置时，我们又重新看到了最初的景象。

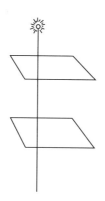

我们不必详述诸如此类的实验就可以提出以下问题：如果光波是纵波，这些现象能够得到解释吗？倘若是纵波，以太粒子会像光束那样沿轴运动。如果晶体转动，则沿轴没有任何东西发生变化。轴上各点并不运动，只有很小的位移在附近发生。对于纵波来说，像光的消失和出现那样的明显变化是绝不可能发生的。只有假定光波不是纵波而是横波，才能解释诸如此类的现象！或者换句话说，我们必须假定以太是"胶状"的。

这真让人遗憾！要想用力学方式描述以太，就必须准备面对极大的困难。

10. 以太和力学观

为了理解以太作为光传播介质的力学性质，物理学家们做过各种努力。所有这些努力可以写成一个很长的故事。我们知道，力学构造意味着实体由粒子和力所组成，力沿着粒子的连线起作用，而且只依赖于距离。为把以太构造成一种胶状的力学实体，物理学家不得不作出一些人为的、不自然的假设。这里我们不去引用这些假设，它们早已过时，几乎已经被人遗忘，但结果却重要而有意义。这些假设是那样人为，而且还要引入那么多，彼此之间又毫无关联，所有这些都足以动摇我们对力学观的信念。

对于以太，除了构造所面临的困难，还有其他更简单的反驳。要想用力学方法来解释光学现象，就必须假定以太无处不在。倘若光只能在介质中行进，就不能有空的空间。

但我们从力学中知道，星际空间并不阻碍物体的运动。例如，虽然物质性的介质会阻碍物体的运动，但行星在以太胶状物中运行却没有碰到任何阻碍。如果以太不对物质的运动造成干扰,那么以太粒子与物质粒子之间就不会有任何相互作用。光既穿过以太,也穿过玻璃和水,但是在后面两种物质中,光速却改变了。这一事实如何能用力学方法来解释呢?我们似乎只能假定,以太粒子与物质粒子之间存在着某种相互作用。我们已经看到,对自由运动的物体而言,必须假定这种相互作用不存在。换句话说,在光学现象中以太与物质之间有相互作用,而在力学现象中却没有!这个结论显然非常悖谬。

摆脱所有这些困难似乎只有一条出路。在 20 世纪以前的整个科学发展过程中,为了尝试从力学观去理解自然现象,必须人为地引入电流体、磁流体、光微粒和以太等一些实体。结果只是把所有困难都集中在几个关键点上,比如光学现象中的以太。以某种简单的方式来构造以太的所有尝试都没有成功,再加上其他反对意见,所有这些似乎都在暗示,错误在于一条基本假设,即可以从一种力学观来解释所有自然现象。科学并没有令人信服地贯彻力学纲领,今天已经没有物理学家相信它有可能实现了。

在上述对主要物理观念所作的简短回顾中,我们遇到了一些尚未解决的问题以及若干困难和阻碍,使我们不敢尝试用一种统一的、前后一致的观点来解释外部世界的一切现象。经典力学中存在着引力质量与惯性质量相等这条未被注意的线索。电流体和磁流体的引入都是人为的。电流与磁针的相互作用也是一个尚未解决的困难。我们还记得,这种力不在导线与磁极的连线上起作用,而且依赖于运动电荷的速度。描述它的方向与大小的定律极为复杂。最后还有以太所导致的巨大困难。

现代物理学已经处理和解决了所有这些问题，但是在解决这些问题的过程中又产生了新的更深刻的问题。如今，我们的知识要比 19 世纪的物理学家更为深广，但我们的疑惑与困难也是如此。

总结：

无论是旧的电流体理论，还是光的微粒说和波动说，都是应用力学观的进一步尝试。但在电学现象和光学现象的领域中，这种应用遇到了极大的困难。

运动电荷对磁针的作用力不仅依赖于距离，而且依赖于电荷的速度。这种力对磁针既不排斥也不吸引，而是垂直于磁针与电荷的连线起作用。

在光学中，我们不得不支持光的波动说，反对光的微粒说。波在由粒子组成的介质中传播，并且有机械力作用于二者之间，这显然是一种力学观念。但传播光的介质到底是什么呢？它的力学性质又是怎样的？在这个问题得到解决之前，要把光学现象归结为力学现象是没有希望的。但解决这个问题遇到了极大的困难，我们不得不将其放弃，因而也不得不放弃力学观。

第三章　场，相对论

1. 场的图示

在 19 世纪下半叶，革命性的新观念被引入了物理学，它们为一种不同于旧力学观的新哲学观开辟了道路。法拉第（Faraday）、麦克斯韦（Maxwell）和赫兹（Hertz）的研究成果发展了现代物理学，创造了新的概念，形成了一幅新的实在图景。

现在我们就来阐述这些新概念给科学带来的突破，以及它们是如何逐渐清晰起来并获得力量的。我们将对发展线索进行逻辑重构，而不太在意时间上的先后。

这些新概念的起源与电现象有关，但第一次介绍它们时，从力学入手要更简单。我们知道，两个粒子会相互吸引，这种吸引力与距离的平方成反比。我们可以用一种新的方法来描述这个事实，尽管这样做的好处一时还不清楚。下图中的小圆代表一个吸引体，比如太阳。实际上，应该把这幅图想象成空间中的一个模型，而不是一张平面图。于是，图中的小圆其实代表空间中的一个球体，比如太阳。把一个被称为**检验体**的物体置于太阳附近，它将被太阳吸引，引力沿着两个物体中心的连线。因此，图

中的线表示太阳对检验体各个位置的引力。每条线的箭头表明
这个力指向太阳，也就是说这个力是引力。这些线都是**引力场的
力线**。这暂时还只是个名称，无须进一步强调。这幅图有一个典
型特征，我们将在以后强调。力线是在没有物质的空间中构造
的。所有力线，或者说场，目前只表明一个被置于球体（场就是
为它构造的）附近的检验体会如何行为。

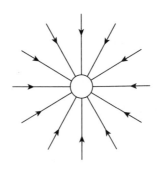

　　在我们的空间模型中，力线总是与球面垂直的。它们都是从
一点发散出去的，因此在球体附近最密，越远越疏。如果与球体
的距离增加到 2 倍或 3 倍，那么在我们的空间模型中，力线的密
度将会减小到 1/4 或 1/9。因此力线有两重目的：一方面显示了
球体（例如太阳）附近的物体所受力的方向；另一方面，空间
中力线的密度又显示了力如何随距离而变化。场的图案描绘了
引力的方向及其与距离的关系。由这样一幅图可以领会引力定
律的含义，就像从对引力作用的语言描述或者精确简洁的数学
语言中可以领会引力定律的含义一样。这种场的图示也许显得
清晰而有趣，但没有理由认为它标志着任何实际进展。很难证明
它对引力有什么用处。也许有人觉得，不妨认为这些线不仅仅是

画，而是有真实的力的作用沿着它们通过。这样想象当然可以，但那样一来，必须假定沿着这些力线的作用速度是无穷大！根据牛顿定律，两个物体之间的力只与距离有关，与时间无关。力从一个物体传到另一个物体竟然不需要时间！但凡明白事理的人都不会相信速度无穷大的运动，因此，认为我们的图不仅仅是模型不会有什么结果。

不过，我们并不准备讨论引力问题。我们介绍这些，只是为了对电学理论中类似的推理方法作出简化的解释而已。

我们先来讨论一个很难作力学解释的实验。假定电流通过一个线圈，线圈中央有一根磁针。电流通过的瞬间会产生一个新的力，这个力作用于磁极，并且垂直于线圈与磁极的任何连线。如果这个力是由一个作回转运动的电荷产生的，那么正如罗兰的实验所表明的，这个力与电荷的速度有关。这些实验事实违反了一个哲学观点，即所有力都必须沿着粒子的连线起作用，且只能与距离有关。

精确表达电流作用于磁极的力是非常复杂的，事实上比表达引力复杂得多。然而，就像对引力那样，我们也可以尝试把这种作用视觉化。我们的问题是：电流以什么样的力作用于被放置在它附近的磁极呢？要想用语言来描述这种力是相当困难的，即使使用数学公式也一定非常复杂和别扭。最好是用绘有力线的图或空间模型把我们关于作用力的一切认识都表示出来。困难之一在于，一个磁极总是与另一个磁极关联着存在，它们共同形成了偶极子。不过我们总是可以设想磁针很长，只须考虑作用于距离电流较近的那个磁极的力，另一极距离太远，作用于它的力可以忽略。为避免混淆，我们假定距离导线较近的磁极是**正的**。

作用于正磁极的力的特性可以从下图看出来。

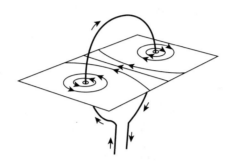

如图所示，导线旁边的箭头表示电流从高电势流向低电势的方向。所有其他线都是属于这个电流的力线，都处在某个平面上。表示电流对正磁极的作用的力矢量的方向和长度都可以从图上看出来。我们知道，力是矢量，确定力必须知道它的方向和长度。我们主要关注作用于磁极的力的方向问题，这个问题是：如何从图中找到空间中任一点的力的方向？

要在这样一个模型中看出力的方向，不像之前的例子那么简单，因为在前面那个例子中力线是直线。为了澄清步骤，下图中只画了一条力线。如图所示，力矢量位于力线的切线上，力矢量的箭头和力线上的箭头指着同一方向，即在这一点上力作用于磁极的方向。一张好图，或者说一个好的模型，也能把任一点上力矢量的长度表示出来。在力线较密亦即靠近导线的地方，力矢量必须较长，而在力线较疏亦即远离导线的地方，力矢量必须较短。

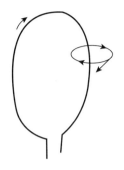

　　这样一来，力线或场就能使我们确定在空间中任一点作用于磁极的力。眼下，这乃是对我们精心建构的场的唯一辩护。知道了场表示什么，我们会带着更浓厚的兴趣来考察对应于电流的力线。这些力线都是围绕着导线的一些圆圈，所处的平面垂直于导线所在平面。从图中领会到力的特征之后，我们再次得出结论：力的作用方向垂直于导线与磁极之间的任何连线，因为圆的切线总与半径垂直。我们对作用力的全部了解都可以在场的构造中得到概括。为了简单地描述作用力，我们把场的概念置于电流概念与磁极概念之间。

　　任何电流都与一个磁场相联系，也就是说，通电导线附近的磁极总是受到一个力的作用。顺便提及，这种性质使我们能够制作一种灵敏的仪器来探测电流的存在。一旦知道如何从电流的场模型来看磁力的特性，我们就能画出通电导线周围的场，以表示磁力在空间任一点的作用。我们的第一个例子是所谓的螺线管。事实上，它就是下图所示的一卷导线。我们希望通过实验来了解与流经螺线管的电流有关的磁场的知识，并把这些知识融入场的构造中。该图已经把结果描绘出来了。弯曲的力线是闭合的，它们以电流磁场特有的方式包围着螺线管。

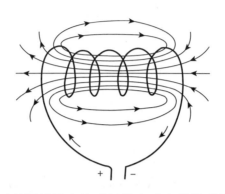

我们也可以用描绘电流磁场的方式来描绘磁棒的磁场。如下图所示，力线从正极指向负极。力矢量总是处于力线的切线上，且在磁极附近最长，因为这些地方力线的密度最大。力矢量表示磁棒对正磁极的作用。这里场"源"是磁棒而不是电流。

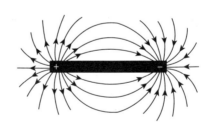

这两幅图应当认真比较一下。第一幅图是流经螺线管的电流的磁场，第二幅图则是磁棒的场。我们忽略螺线管和磁棒，只看它们外面的两个场，就会立刻注意到，它们的性质是完全一样的，两者的力线都是从螺线管或磁棒的一端指向另一端。

场的图示结出了它的第一个果实！倘若不通过场的构造来揭示，我们就很难看出流经螺线管的电流与磁棒之间有这么大的相似性。

现在我们可以对场的概念进行更严格的检验。我们很快会看到，场并不只是一种关于作用力的新图示。让我们暂时假定场以一种独特的方式刻画了场源所规定的一切作用。这仅仅是个猜测。它的意思是，如果螺线管与磁棒有同样的场，则它们所有的影响也必定相同。也就是说，两个通电的螺线管会和两根磁棒一样彼此吸引或排斥，引力或斥力只依赖于它们的相对距离，这与两根磁棒的情况完全相同。它还意指，螺线管与磁棒之间也会像两根磁棒那样相互吸引或排斥。简而言之，通电螺线管的所有作用都与相应磁棒的作用一样，因为只有场能起这些作用，而场在这两种情况下有相同的性质。实验完全证实了我们的猜测！

倘若没有场的概念，发现这些事实将会多么困难！要把通电导线与磁极之间的作用力表示出来是非常复杂的。如果是两个螺线管，我们就不得不研究两个电流的相互作用力。但如果借助于场的概念来研究，既已发现螺线管的场类似于磁棒的场，我们便立即可以注意到所有这些作用的特性。

我们现在更有理由把场看成某种东西了。就描述现象而言，似乎只有场的性质是最重要的，场源的差异并不重要。场的概念的重要性在于能够引出新的实验事实。

事实证明，场是一个非常有用的概念。起初，它只是为了描述作用力而被置于场源与磁针之间的某种东西。它被视为电流的"代理者"，电流的一切作用都通过它来完成。但是现在，代理者也充当诠释者，它把定律翻译成一种简单易懂的清晰语言。

场的描述的首获成功暗示着，借助于场这个诠释者来间接

考察电流、磁棒和电荷的所有作用也许很方便。可以认为，场总
与电流联系在一起。即使没有磁极去检验场是否存在，场也总在
那里。让我们沿这条新的线索追溯下去。

　　我们可以像介绍引力场、电流或磁棒的场那样来介绍带电
导体的场。再举一个最简单的例子。要想绘制一个带正电球体的
场，必须知道一个带正电的小检验体被置于作为场源的带电球
体附近时会受到什么力的作用。我们使用带正电的检验体而不
用带负电的，仅仅是出于习惯，表明力线的箭头应该朝哪个方
向画。这个模型之所以类似于前面引力场的模型，是因为库仑
定律与牛顿定律相似。两个模型的唯一差别就是箭头的方向相
反。的确，两个正电荷相互排斥，两个质量则相互吸引。然而，
带负电球体的场与引力场相同，因为带正电的小检验体会被场
源吸引。

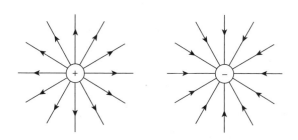

　　假如电极和磁极都静止，它们之间就不会有作用，既没有
吸引，也没有排斥。如果用场的语言来表达这一事实，我们可以
说：静电场并不影响静磁场，反之亦然。"静场"是指不依时间变
化的场。如果没有外力干扰，磁棒和电荷可以靠得很近而永不发
生作用。静电场、静磁场和引力场的性质各有不同。它们不会混

合，而会各自保持个性，无论是否有其他场存在。

让我们回到带电球体。它一直静止着，现在假设在某个外力的作用下开始运动。带电球体在运动，这句话用场的语言来表达就是：电荷的场随时间而变化。但罗兰的实验告诉我们，带电球体的运动相当于电流，而任何电流必定伴随着磁场，因此我们的推理链条是：

电荷的运动 → 电场的变化

↓

电流 → 伴随的磁场

由此我们断定：**电荷运动所产生的电场变化总是伴随着磁场。**

我们的结论建立在奥斯特实验的基础上，但其意涵远不止于此。它包含着这样一种认识：把随时间变化的电场与磁场联系起来对于接下来的事情至关重要。

只要电荷静止，就只有静电场。一旦电荷开始运动，磁场就出现了。而且电荷越大，运动越快，电荷运动所产生的磁场就越强。这也是罗兰实验的一个推论。用场的语言来说：电场变化越快，伴随的磁场就越强。

这里我们试图把熟知的事实从按照旧力学观构造的电流体语言翻译为场的新语言。稍后我们会看到，这种新的语言是多么清晰、有益和深刻。

2. 场论的两个支柱

"电场的变化总是伴随着磁场"。若把"电"与"磁"互换一下，这句话就成了"磁场的变化总是伴随着电场"。这种说法是否正确，只有实验才能判定。然而，正是由于使用了场的语言，我们才会想到提出这个问题。

一百多年前，法拉第做实验发现了感生电流。

这个实验演示起来很简单。我们只需一个螺线管或其他某个电路，一根磁棒以及检验电流是否存在的仪器。起初，形成闭合电路的螺线管附近有一根静止的磁棒。由于没有源，导线中没有电流通过，只存在磁棒的不随时间变化的静磁场。现在，我们迅速改变磁棒的位置，使之远离或靠近螺线管。这时导线内会出现极短时间的电流，然后又消失了。每当磁棒位置改变，电流就会重新出现，这可以用足够灵敏的仪器检测出来。但从场论的观点来看，电流意味着电场的存在，这个电场迫使电流体在导线中流动。当磁棒再次静止时，电流便消失了，因而电场也消失了。

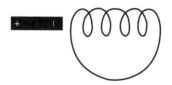

假定我们现在还不知道场的语言，而要用旧力学观的语言对这些实验结果进行定性和定量的描述，则这个实验可以表达成：磁偶极子的运动产生了一个新的力，这个力推动导线中的电流体流动。接下来的问题是：这个力与什么有关？这很难回答。我们不得不研究这种力与磁棒速度的关系、与磁棒形状的关系以及与线圈形状的关系。不仅如此，如果用旧语言来解释，那么这个实验无法告诉我们，用另一个通电电路的运动来代替磁棒的运动是否也能产生感生电流。

如果使用场的语言，并再次相信作用由场决定，情况就完全不同了。我们立刻可以看到，通电的螺线管会起到和磁棒一样的作用。下图中有两个螺线管：一个较小，其中有电流通过，另一个较大，其中的感生电流可以检验出来。像前面移动磁棒那样移动小螺线管，大螺线管中便会产生感生电流。此外，为了产生和消除磁场，我们不必移动小螺线管，而只需通过断开和闭合电路来产生和消除电流。我们再次看到，场论提出的新事实又被实验证实了！

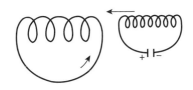

再举一个简单点的例子。取一个没有任何电流源的闭合导线，它的附近有一个磁场。至于这个磁场的源是另一个通电电路还是一根磁棒，这并不重要。下图显示了闭合电路和磁力线。用场的语言很容易对感应现象作出定性和定量的描述。如图所示，一些力线穿过了导线围成的表面。我们需要考察的是穿过导线围成的那部分平面的力线。无论场多强，只要场不变，就不会有电流。然而，只要穿过导线围成的表面的力线数目发生变化，导线中就立刻会有电流流过。电流由穿过该表面的力线数目的变化来决定，无论这种变化是如何引起的。对于感生电流的定性和定量描述，力线数目的变化是唯一重要的概念。"力线数目的变化"意指力线的密度在变化，我们还记得，这意味着场强在变化。

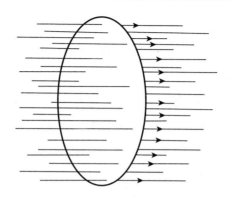

于是，我们推理链条中的几个关键点是：磁场的变化→感生电流→电荷的运动→电场的存在。

因此，**变化的磁场总是伴随着电场。**

这样我们就找到了支撑电场和磁场理论的两个最重要的支柱。第一个支柱是变化的电场与磁场有关联，它源于奥斯特的磁针偏转实验，并且导出了这样一个结论：**变化的电场总是伴随着磁场。**

第二个支柱则把变化的磁场与感生电流关联起来，它源于法拉第的实验。两者成为定量描述的基础。

同样，与变化磁场相伴随的电场似乎亦是某种真实的东西。此前我们必须设想，即使没有磁极作检验，电流的磁场也依然存在。同样，这里必须认为，即使没有导线来检验感生电流是否存在，电场也依然存在。

事实上，这两个支柱可以归结为一个，即以奥斯特实验为根据的那个支柱。法拉第的实验结果可以由这个支柱和能量守恒定律推导出来。我们说有两个支柱只是为了清晰和简洁。

场的描述还有另一个结果需要提及。假设有一个以伏打电池为电流源的通电电路。导线与电流源之间的连接突然断开，当然现在不再有电流。然而在电流中断的一瞬间却发生了一个复杂的过程，这个过程同样只有用场论才能预见到。在电流中断之前，导线周围有一个磁场。电流中断的一瞬间，这个磁场便不复存在。因此，正是由于电流的中断，磁场才消失。穿过导线围成的表面的磁力线数目变化极快。但这种迅速变化无论是怎样产生的，必定会产生感生电流。真正重要的是，磁场的变化越大，感生电流就越强。这个结果是对场论的又一个检验。电流的断开必定伴随着强烈而短暂的感生电流的出现。实验再次证实了这个预言。断开过电流的人都会注意到有火花产生，火花显示了磁场的迅速变化所引起的强大电势差。

这个过程也可以从能量的观点去看。磁场消失，火花产生。火花代表能量，因此磁场也必定代表能量。为了前后一致地使用场的概念及其语言，我们必须把磁场看成能量的储藏所。只有这样，我们对电现象和磁现象的描述才能符合能量守恒定律。

起初，场只不过是一个有用的模型，而现在却变得越来越真实了。它帮助我们理解了旧事实，并引导我们认识新事实。把能量归于场是物理学发展中的一大步，场的概念越来越被强调，对力学观不可或缺的实体概念越来越被抑制。

3. 场的实在性

所谓的麦克斯韦方程总结了对场的定律的定量数学描述。

迄今为止我们所提到的事实都导向了这些方程，但方程的内容却比我们所能指出的丰富得多。在麦克斯韦方程简单的形式之下隐藏着深刻的内容，只有通过认真研究才能将其揭示出来。

麦克斯韦方程的提出是自牛顿时代以来物理学中最重要的事件，不仅因为它内容丰富，而且也因为它成了一种新型定律的典范。

麦克斯韦方程的典型特征可见于现代物理学的所有其他方程，我们可以用一句话来概括它：麦克斯韦方程是描述场的**结构**的定律。

为什么麦克斯韦方程在形式和特征上都不同于经典力学方程呢？说这些方程描述了场的结构，这是什么意思呢？如何根据奥斯特和法拉第的实验结果提出一种对物理学的未来发展至关重要的新型定律呢？

从奥斯特的实验中我们已经看到，磁场围绕一个变化的电场盘卷起来。从法拉第的实验中我们又看到，电场围绕一个变化的磁场盘卷起来。为了概述麦克斯韦理论的一些典型特征，我们暂时只关注这两个实验中的一个，比如法拉第的实验。再看看变化的磁场产生感生电流的那幅图。我们知道，如果穿过导线所围成的表面的力线数目发生变化，就会产生感生电流。因此，无论是磁场变化还是电路发生变形或移动，都会出现电流。也就是说，只要穿过表面的磁力线数目发生了变化，无论是由什么引起的，都会出现电流。若把所有这些可能性都考虑进来以讨论它们的特殊影响，势必会引出一种非常复杂的理论。但能否把这个问题简化呢？让我们试着不去考虑与电路的形状、长度以及导线围成的表面有关的一切因素，想象这幅图中的电路变得越来越小，渐渐收缩成一个极小的线圈，只包含空间的某一点。这样一来，与形状和大小有关的因素就完全不相干了。在闭合曲线收缩成一点的这个极限过程中，我们自然而然不再考虑线圈的大小和形状，由此得到的定律把磁场和电场在任一时刻和空间中任何一点的变化联系在一起。

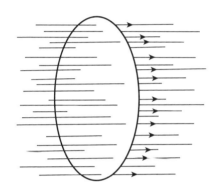

这是通向麦克斯韦方程的主要步骤之一。它同样是想象出来的理想实验，即用一个缩成一点的电路来重复法拉第的实验。

我们其实应当称它为半步，而不是一整步。到目前为止，我们的注意力一直集中在法拉第的实验上，但建立在奥斯特实验基础上的场论的另一个支柱也必须同样认真地加以考察。在这个实验中，磁力线在电流周围盘卷起来。把环形的磁力线缩成一点，就迈出了剩余半步。而整个这一步给出了磁场和电场在任一时刻和空间中任何一点的变化之间的关联。

此外，还有重要的一步需要迈出。根据法拉第的实验，必须有导线来检验电场是否存在，正如在奥斯特的实验中必须有磁极或磁针来检验磁场是否存在一样。但麦克斯韦的新理论观念超越了这些实验事实。在麦克斯韦的理论中，电场和磁场，或者简单地说电磁场，是某种实在的东西。变化的磁场总会产生电场，不论是否有导线去检验电场的存在；变化的电场也总会产生磁场，不论是否有磁极去检验磁场的存在。

因此，提出麦克斯韦方程需要两个关键步骤。第一，在思考奥斯特的实验和罗兰的实验时，必须把围绕电流和变化的电场盘卷起来的磁场的环形力线缩成一点；在思考法拉第的实验时，必须把围绕变化的磁场盘卷起来的电场的环形力线缩成一点。第二，认识到场是某种实在的东西；电磁场一旦产生出来，就会按照麦克斯韦的定律而存在、作用和变化。

麦克斯韦方程描述了电磁场的结构。这些定律的适用场所是整个空间，而不像力学定律那样，只适用于有物质或电荷存在的一些点。

我们还记得，在力学中，如果知道一个粒子在某一时刻的位置和速度，又知道作用力，就可以预知这个粒子的整个未来路经。在麦克斯韦的理论中，如果知道场在某一时刻的情况，就可以由理论方程推出整个场在空间和时间中如何变化。就像力学方程使我们能够追溯物质粒子的历史，麦克斯韦方程亦能使我们追溯场的历史。

但力学定律与麦克斯韦定律之间仍然有一个重要区别。比较一下牛顿的引力定律与麦克斯韦的场定律，就能显示出这些方程所表达的一些典型特征。

借助于牛顿定律，我们可以由太阳与地球之间的作用力推出地球的运动。牛顿定律把地球的运动与太阳的作用联系在一起。地球和太阳虽然相距甚远，但都是力的演出中的演员。

在麦克斯韦的理论中，根本没有物质演员。该理论的数学方程表达了支配电磁场的定律。它们不像牛顿定律那样把两个相隔很远的事件联系在一起，不是把**此地**发生的事情与**彼地**的条件联系在一起。**此时此地**的场只与**刚刚过去那个时刻直接邻域**的场有关。如果知道此时此地发生的事情，我们就可以借助于这些方程预测空间上稍远的位置以及时间上稍迟的时刻会发生什么，进而一步步增加对场的了解。把这些很小的步骤加起来，就可以从远处发生的事情推出此处发生的事情。而牛顿理论则恰恰相反，它只容许一些把遥远的事件联系起来的大步骤。奥斯特和法拉第的实验都可以从麦克斯韦的理论中重新获得，但要想做到这一点，只能把受麦克斯韦方程支配的各个小步骤加起来。

若对麦克斯韦方程进行更深入的数学研究，我们便可以得出一些新的出乎意料的结论，从而能在更高的层次上检验整个理论，因为理论的推论现已定量，可以通过一连串逻辑论证揭示出来。

我们再来设想一个理想实验。假定在外界影响下，一个带电小球像钟摆一样有节奏地快速振荡起来。根据我们关于场的变化所掌握的知识，如何用场的语言来描述这里正在发生的事情呢？

电荷的振荡产生了变化的电场，而变化的电场又总是伴随着变化的磁场。如果把闭合电路放在附近，那么这个变化的磁场又会伴随着电路中的电流。所有这些都只是重复已知的事实，但研究麦克斯韦方程可以使我们更深地理解振荡电荷的问题。从麦克斯韦方程出发进行数学推导，我们可以查明振荡电荷周围场的性质、在场源近处和远处的结构以及随时间的变化。这样推理出来的结果就是**电磁波**。振荡的电荷辐射出能量，能量以一定的速度穿越空间；但能量的转移——一种状态的运动——乃是一切波动现象的特性。

我们已经考察过几种不同类型的波：既有球体的振动所产生的纵波，密度变化经由介质传播出去；又有在一种胶状介质中传播的横波，球体转动所导致的胶状物的形变经由介质传播出去。那么电磁波传播的是什么种类的变化呢？正是电磁场的变化！电场的每一次变化都会产生磁场，这个磁场的每一次变化又会产生电场，……，电场和磁场就这样相互产生下去。由于场代表能量，以特定速度在空间中传播的所有这些变化就形成了一个波。从理论中可以推出，电力线和磁力线总处于与传播方向垂直的平面上，因此形成的波是横波。我们根据奥斯特和法拉第的实验而形成的场的图像仍然保持着原有的特征，但我们现在认识到，它有着更深的意义。

电磁波是在空荡荡的空间中传播的，这同样是麦克斯韦理论的一个推论。如果振荡电荷突然停止运动，它的场就成了静电场。但电荷振荡所产生的一系列波继续在传播。这些波独立存在着，其变化的历史可以追溯，就像追溯任何其他物质对象的历史一样。

麦克斯韦方程描述了电磁场在空间中任一点和任一时刻的结构，由这些方程可以推出，电磁波在空间中以一定的速度传播着，并且随时间变化。

还有一个非常重要的问题：电磁波是以多大的速度在空间中传播的呢？借助于与波的实际传播无关的一些简单实验的数据，麦克斯韦的理论给出了明确回答：**电磁波的速度等于光速**。

奥斯特和法拉第的实验是麦克斯韦定律的基础。这些定律是用场的语言表达的。我们前面谈到的所有结果都来自于对这些定律的认真研究。电磁波以光速传播，这一理论发现是科学史上最伟大的成就之一。

实验证实了理论的预言。50 年前，赫兹第一次证明了电磁波的存在，并且用实验证实了它的速度等于光速。今天，千千万万的人都在见证电磁波的发送和接收。他们的仪器远比赫兹的仪器复杂，这些仪器能够探测到距离波源数千英里以外波的存在，而不是只有几米开外。

4. 场和以太

电磁波是以光速在空间中传播的横波。光速等于电磁波的速度，这暗示光学现象与电磁现象之间有密切的关系。

如果不得不在微粒说与波动说之间作出抉择，那么我们决定支持波动说。光的衍射是影响我们作出这一决定的最有力论据。但假定**光波是一种电磁波**不仅不会违反任何对光学事实的解释，相反还会得出其他结论。假如真是这样，那么物质的光学性质与电学性质之间必定存在着某种联系，这种联系可以从麦克斯韦的理论中推导出来。事实上，我们的确可以推出这样的结论，而且禁得起实验的检验，这是支持光的电磁说的关键论据。

　　这个重大成果归功于场论。两个看似无关的科学分支被同一个理论统一了起来。同一套麦克斯韦方程既可以描述电磁感应，又可以描述光的折射。如果我们的目标是用一个理论来描述业已发生或可能发生的一切现象，那么光学与电学的结合无疑是向前迈进了一大步。从物理学的观点来看，普通电磁波与光波的唯一区别是波长：光波的波长很短，肉眼就可以检测到，而普通电磁波的波长很长，需要无线电接收器才能检测出来。

　　旧力学观试图把自然之中的所有事件都归结为物质粒子之间的作用力。电流体理论就是建立在这种力学观基础上的第一种朴素理论。在19世纪初的物理学家看来，场并不存在，只有实体和实体的变化才是真实的。他试图只用直接涉及两个电荷的概念来描述两个电荷之间的作用。

　　起初，场的概念仅仅是方便我们从力学观去理解现象的一种工具。而在新的场语言中，对于理解电荷的作用至关重要的不是电荷本身，而是对电荷之间场的描述。人们对新概念的认识逐渐加深，以至于后来场的重要性超过了实体。大家意识到，物理学中发生了非常重要的事情。一种新的实在被创造出来，这是一个在力学描述中没有地位的新概念。经过一番努力，场的概念在物理学中渐渐取得了领导地位，直到今天也仍然是一个基本的物理概念。在现代物理学家看来，电磁场就和他所坐的椅子一样实在。

　　但是，如果认为新的场论已经使科学摆脱了旧的电流体理论的错误，或者说新理论摧毁了旧理论的成就，那是不公平的。

新理论既显示了旧理论的局限性，也显示了它的优点，使我们能从一个更高的层次上重新获得旧概念。不仅电流体和场的理论是如此，任何物理理论的变化，无论看起来多么具有革命性，都是如此。例如，我们仍然可以在麦克斯韦的理论中看到电荷概念，尽管这里的电荷仅仅是电场的一个源。库仑定律仍然有效，作为诸多推论之一包含在麦克斯韦方程中。我们仍然可以应用旧理论，只要研究的事实处于该理论的有效范围之内。但我们也可以应用新理论，因为一切已知事实都包含在新理论的有效范围之内了。

借用一个比喻，我们可以说，创立新理论与其说像摧毁一个旧仓库，在那里建起一座摩天大楼，倒不如说更像在爬山，随着视野变得越来越宽广，会发现我们的出发点与周围的广大区域之间有着意想不到的关联。但我们的出发点还在那里，仍然可见，只不过显得更小了，成为我们克服种种阻碍爬上山峰之后获得的宽广视野中一个极小的部分。

的确，人们很久才认识到麦克斯韦理论的全部内容。起初，大家都以为借助于以太，最后总可以用力学方法来解释场。后来渐渐意识到，这种纲领是行不通的，场论的成果已经太显著和重要，以致不可能用力学教条来替换它。另一方面，为以太设计力学模型的问题似乎变得越来越没有意义，那些假设的牵强与人为愈发令人沮丧。

现在唯一的出路似乎是理所当然地认为空间具有传送电磁波的物理属性，而不去过分在意这句话的含义。我们仍然可以使用"以太"这个词，但只是为了表达空间的某种物理属性。在科学的发展过程中,"以太"这个词的含义已经屡次改变。此时它已不再是一种由粒子构成的介质。它的故事还没有结束,相对论将它继续了下去。

5. 力学框架

故事进行到这个阶段,我们必须回到开头,即伽利略的惯性定律。我们再次引用它:

> 任何物体都会保持其静止或匀速直线运动状态,除非有外力迫使其改变这种状态。

一旦理解了惯性概念,我们对它似乎已经没有更多可说的了。虽然我们已经详细讨论过这个问题,但并没有穷尽。

设想有一位严肃的科学家,他相信可以用实际的实验来证明或否证惯性定律。他沿着水平的桌面推动小球,并尽可能地消除摩擦。他注意到,桌面和小球越光滑,运动就越均匀。正当他要宣布惯性原理时,有人突然给他开了一个玩笑。我们的物理学家在一个与外界完全隔绝的无窗房间里工作。开玩笑之人安装了某种机械装置,使整个房间可以围绕一根穿过其中心的轴迅速旋转。旋转一经开始,这位物理学家便得到了出乎预料的新体验。一直在匀速运动的小球试图远离房屋中心,尽可能地靠近房间墙壁。他本人亦感到有一种奇特的力把他推到墙上。他的感觉与转急弯的火车或汽车中的人的感觉很相似,与旋转木马上的人的感觉更相似。他之前得到的所有成果于此毁于一旦。

我们这位物理学家不得不连同惯性定律放弃所有力学定律。惯性定律是他的出发点，倘若这个出发点改变了，他所有进一步的结论也就改变了。一个观察者如果注定要在这个转动的房间度过一生，并且在里面做所有实验，那么他将得到与我们不同的力学定律。另一方面，如果他进入房间时对物理学的原理已经有了深刻的认识和坚定的信念，那么他会解释说，力学之所以看起来出了毛病，是因为房间在旋转。借助于力学实验，他甚至可以查明房间是如何旋转的。

我们为什么对旋转房间中的这位观察者这么感兴趣？这是因为在我们的地球上，在某种程度上我们也处于同样的状况。自哥白尼时代以来我们已经知道，地球在绕轴自转并且绕太阳运转。在科学的发展中，即使是这个大家都很清楚的简单观念也并非未受触动。不过让我们暂时抛开这个问题，接受哥白尼的观点。如果这位旋转的观察者无法验证力学定律，那么我们在地球上也应当无法验证。不过地球旋转得较慢，因此影响并不很明显。尽管如此，许多实验都显示与力学定律有微小偏差，可以认为，这些偏差的一致性证明了地球在转动。

可惜我们无法置身于太阳与地球之间，在那里证明惯性定律的严格有效性，并且观察一下旋转的地球。只有在想象中才能做到这些。所有实验都只能在我们居住的地球上进行。这一事实常常被更科学地说成：**地球是我们的坐标系**。

为了更清楚地表明这些词的意思，不妨举一个简单的例子。我们可以预言从塔上丢下的石头在任一时刻的位置，并通过观察来验证我们的预言。将一根量杆置于塔旁，我们便可以预言落体在任一时刻会与量杆上的哪个标记重合。显然，我们不能用橡胶或实验时会发生变化的其他任何材料来制作塔和量杆。事实上，我们的实验原则上只需要一把与地球刚性连接的刻度不变的标尺以及一个走时准确的钟。有了这两件东西，我们不仅可以忽视塔的建筑设计，甚至可以忽视塔的存在。上述假设都很平凡，描述这些实验时通常不会提到。但这种分析表明，我们的每一句陈述背后都隐藏着许多假设。这里我们假定存在着一根刚性的量杆和一个理想的钟，否则我们就无法检验伽利略的落体定律。有了这些简单而基本的物理仪器，一根量杆和一个钟，我们就能在一定的准确度上验证这个力学定律。认真做这个实验，就会发现理论与实验之间有些偏差，这是因为地球在旋转，或者换句话说，因为这里表述的力学定律在与地球刚性连接的坐标系中并非严格有效。

在所有力学实验中，无论是什么类型，我们都必须确定质点在某一时刻的位置，就像在上述实验中确定落体的位置一样。但位置必须相对于某种东西来描述，比如在上述实验中相对于塔和标尺来描述位置。我们需要某个所谓的**参照系**，这是一个用来确定物体位置的力学框架。若要描述物体和人在城市中的位置，大街小巷就是我们的参照系。迄今为止，我们引用力学定律时从未关注过参照系，因为我们碰巧生活在地球上，在任何情况下都不难固定一个与地球刚性连接的参照系。我们的所有观察都参照的这个由刚性的不变物体构成的参照系被称为**坐标系**。

迄今为止，我们所有的物理陈述都缺少某种东西。我们没有注意到，一切观察都必须在某个坐标系中进行。我们没有描述这个坐标系的结构，而是径直忽视了它的存在。例如我们曾说"一个物体在匀速运动……"，其实我们应该这样说："一个物体相对于某个选定的坐标系在匀速运动……。"那个旋转房屋的实验告诉我们，力学实验的结果也许依赖于我们选择的坐标系。

如果两个坐标系作相对转动，那么力学定律不可能在两者中都有效。若把一个游泳池当作其中一个坐标系，而且它的水面是平的，那么在另一个坐标系来看，这类游泳池中的水面就是弯的，这是用茶匙搅动咖啡的人所熟知的现象。

在表述力学的主要线索时，我们忽略了很重要的一点。我们并没有说它们相对于哪一个坐标系有效。于是，整个经典力学都悬在半空中，因为我们不知道它是相对于哪一个坐标系而言的。不过，这个困难我们暂且不去考虑。我们要做一个略有不确的假设，即在任何与地球刚性连接的坐标系中，经典力学的定律都有效。这样做是为了把坐标系固定下来，使我们的陈述明确起来。虽然说地球是一个合适的参照系并不完全正确，但我们暂且接受它。

因此，我们假定存在着一个力学定律在其中有效的坐标系。这样的坐标系只有一个吗？假定有一个相对于地球在运动的坐标系，比如一列火车、一艘船或一架飞机，在这些新的坐标系中，力学定律都有效吗？我们确实知道它们并非总是有效，比如火车转弯，船在风暴中颠簸，飞机在尾旋下降时。我们先看一个简单的例子。假定有一个坐标系在相对于我们的"好"坐标系（即力学定律在其中有效的坐标系）匀速运动，比如一列沿直线匀速行驶的理想火车或一艘平稳航行的轮船。我们从日常经验中得知，这两个坐标系都是"好的"，在匀速行驶的火车或轮船中所做的物理学实验和在地面上做的实验将会给出完全相同的结果。但如果火车突然停止或加速，或者海面起了风浪，就会发生奇怪的事情。在火车里，箱子从行李架上掉下来；在船上，桌椅东歪西倒，乘客也晕船了。从物理学的观点来看，这只表明力学定律不适用于这些坐标系，它们是"坏"坐标系。

这个结果可以表达为所谓的伽利略相对性原理：**如果力学定律在一个坐标系中有效，那么它们在相对于这个坐标系作匀速直线运动的任何其他坐标系中也有效。**

假定有两个相对作非匀速运动的坐标系，则力学定律不可能在两者中都有效。"好"坐标系就是力学定律在其中有效的坐标系，称为**惯性系**。至于惯性系是否存在，这个问题直到现在也没有解决。但只要有这样一个系统，就会有无数个这样的系统。任何相对于初始惯性系作匀速直线运动的坐标系都是惯性系。

考虑这样一种情形：两个坐标系从已知位置出发，以已知的速度相对作匀速直线运动。喜欢具象思维的人可以设想是一艘船或一列火车相对于地面在运动。无论在地面上还是在相对地面作匀速直线运动的火车或船上，都能以同样的精确度对力学定律进行实验验证。但是，假如两个系统的观察者分别站在各自系统的立场上开始讨论对同一事件的观察，便会出现某种困难。每个人都想把对方的观察翻译成自己的语言。再举一个简单的例子：从地球和作匀速直线运动的火车这两个坐标系来观察一个粒子的同样运动。这两个坐标系都是惯性系。如果两个坐标系在某一时刻的相对速度和相对位置均为已知，那么是否只要知道了在一个坐标系中的观察结果，就可以查明在另一个坐标系中的观察结果呢？描述事件时，必须知道如何从一个坐标系过渡到另一个坐标系，因为这两个坐标系是等价的，同样适合于描述自然事件。事实上，只要知道一个坐标系中的观察者获得的结果，就可以知道另一个坐标系中的观察者所获得的结果。

让我们更抽象地考虑这个问题，不用船或火车。为简便起见，我们只研究直线运动。假定有一根带有刻度的刚性量杆和一个准时的钟。在直线运动的简单情形中，刚性量杆就像伽利略实验中塔上的标尺一样代表一个坐标系。在直线运动的情形中，把坐标系想象成一根刚性量杆，在任意运动的情形中，把坐标系想象成一个由相互平行和垂直的量杆所组成的刚性框架，总要更简单、更好，塔、墙、街道等则不必考虑。假定在这种最简单的情形中有两个坐标系，即两根刚性量杆，我们把一根画在另一根上面，分别称之为"上"坐标系和"下"坐标系。假定这两个坐标系以某个速度作相对运动，一根沿着另一根滑动。还可以假定两根量杆均为无限长，只有起点没有终点。这两个坐标系只用一个钟就够了，因为时间的流逝对这两个坐标系是一样的。观察开始时，两根量杆的起点是重合的。此时质点的位置在两个坐标系中是用同一个数来刻画的。这个质点与量杆刻度上的某一点重合，这样就给出了确定该质点位置的数。但假如两根量杆相对作匀速运动，那么过了一段时间，比如1秒钟，则与位置相应的数将会不同。考虑静止于上量杆的一个质点，确定它在上坐标系中位置的数不随时间而改变，但下量杆上相应的数却随时间而改变。我们不说"质点位置对应的数",而会简要地说"**质点的坐标**"。于是我们从图上看到,下面这句话虽然听起来很复杂,却是正确的,而且表达的意思非常简单。质点在下坐标系的坐标等于它在上坐标系的坐标加上上坐标系的原点在下坐标系的坐标。重要的是,只要我们知道质点在一个坐标系中的位置,就能计算出它在另一个坐标系中的位置。为此,我们必须知道这两个坐标系在每一个时刻的相对位置。这些内容虽然听起来很学术,其实很简单,若不是后面还会用到,几乎不值得作这些详细讨论。

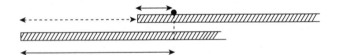

这里要注意确定质点的位置与确定事件的时间之间的差别。每一个观察者都有他自己的量杆作为他的坐标系,但他们所有人都只有一个钟。时间是某种"绝对的"东西,对于所有坐标系中的所有观察者来说都以相同的方式流逝。

再举一个例子。一个人以每小时 3 英里的速度在一艘大船的甲板上散步。这是他相对于船的速度,或者说是他相对于一个与船刚性连接的坐标系的速度。假定船相对于岸的速度是每小时 30 英里,而且人与船沿同一方向作匀速运动,那么这个散步的人相对于岸上一位观察者的速度将是每小时 33 英里,相对于船是每小时 3 英里。我们可以把这个事实说得更抽象一些:一个运动质点相对于下坐标系的速度等于它相对于上坐标系的速度加上或减去上坐标系相对于下坐标系的速度,是加是减要看速度方向相同还是相反。因此,如果知道两个坐标系的相对速度，我们可以把位置和速度从一个坐标系变换到另一个坐标系。位置（或坐标）和速度都是这样一些量的例子，它们在不同的坐标系中有所不同，并且由一些（在这个例子中非常简单的）**变换定律**联系在一起。

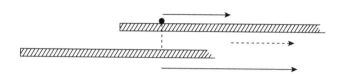

然而，有些量在两个坐标系中是相同的，所以无须变换定律。比如在上量杆上取两个固定点，考察它们之间的距离。这个距离便是两点的坐标之差。为了找到这两个点相对于不同坐标系的位置，我们不得不使用变换定律。但如图所示，在构造两个位置的差异时，不同坐标系所产生的影响相互抵消了。我们得先加上再减去两个坐标系原点之间的距离。因此，两点之间的距离是**不变的**，也就是与坐标系的选择无关。

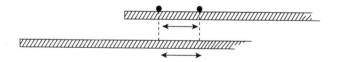

下一个与坐标系无关的量的例子是速度的变化，这个概念我们在力学中已经很熟悉了。假定从两个坐标系去观察一个沿直线运动的质点。在每一个坐标系中的观察者看来，质点的速度变化是两个速度之差，而两个坐标系的相对匀速运动所产生的影响在计算两者之差时消去了，因此速度的变化是一个不变量，当然，只有当两个坐标系相对作匀速直线运动时才是如此。否则，速度变化在每一个坐标系中也会不同，这种不同是由代表我们坐标系的两根量杆的相对运动的速度变化带来的。

现在举最后一个例子。假定有两个质点，其间的作用力只与距离有关。在直线运动的情况下，距离是不变量，因而力也是不变量。因此，把力与速度的变化联系起来的牛顿定律在两个坐标系中都有效。我们再次得到了一个被日常经验所确证的结论：如果力学定律在一个坐标系中有效，那么它们在相对于该坐标系作匀速直线运动的一切坐标系中都有效。当然，我们的例子非常简单，是坐标系可以用一根刚性量杆来代表的直线运动的例子。但我们的结论却普遍有效，可以将它们概括为以下几条：

1. 我们不知道有什么规则能够找到一个惯性系。但只要给出一个惯性系，就能找到无数个，因为所有相对作匀速直线运动的坐标系，只要其中一个是惯性系，就全都是惯性系。

2. 与一个事件相对应的时间在所有坐标系中都相同。而坐标和速度却并非如此，它们依照变换定律而改变。

3. 虽然从一个坐标系过渡到另一个坐标系时坐标和速度会改变，但力和速度变化相对于变换定律却是不变的，因此力学定律相对于变换定律也是不变的。

我们把这里针对坐标和速度而提出的变换定律称为经典力学的变换定律，或者简称**经典变换**。

6. 以太和运动

伽利略相对性原理对于力学现象是有效的。同样的力学定律适用于一切作相对运动的惯性系。那么对于非力学现象，尤其是场的概念被证明非常重要的那些现象，这条原理也是有效的吗？与这个问题有关的一切问题立刻把我们带到了相对论的出发点。

我们还记得，光在真空或者说以太中的速度是 3×10^8 米每秒，光是一种在以太中传播的电磁波。电磁场携带着能量，这种能量一旦从它的源辐射出去，就有了独立的存在性。虽然我们已经深知以太在力学结构上有许多困难，但我们暂时还是继续认为电磁波和光波在以太介质中传播。

设想我们坐在一个与外界完全隔绝的封闭房间里，空气既不能进来也不能出去。如果我们坐着说话，那么从物理的观点来看，我们是在制造声波，它以声音在空气中的速度从静止的声源传播出去。倘若口耳之间没有空气或其他物质介质，我们就听不到声音。实验表明，如果没有风，而且空气在我们所择定的坐标系中是静止的，那么声音在空气中的速度沿各个方向都是一样的。

现在想象我们的房间匀速穿过空间。屋外的人可以透过运动房间（如果你愿意，也可以说火车）的玻璃墙看到里面发生的一切。他可以根据屋内观察者的测量结果推导出声音相对于与他那个环境相连的坐标系的速度，房间正是相对于这个坐标系运动的。这又是前面已经讨论很多的那个老问题，即已知在一个坐标系中的速度，如何确定在另一个坐标系中的速度。

屋内的观察者宣称：在我看来，声音沿各个方向的速度都是一样的。

　　屋外的观察者则宣称：在我的坐标系中确定的、在运动的房间中传播的声音速度沿着各个方向并不相等。沿着房间运动方向的声速比标准声速大，逆着房间运动方向的声速比标准声速小。

　　这些结论都是从经典变换中得出的，可以通过实验来验证。房间携带着它里面传播声音的空气介质一起运动，因此声速对于屋内和屋外的观察者是不同的。

　　根据把声音看成在物质介质中传播的波的理论，我们还可以推出其他结论。要想听不到某个人的声音，我们可以（尽管这绝非最简单的方法）相对于他周围的空气以大于声速的速度向前奔跑，这样一来，产生的声波就永远也到达不了我们的耳朵了。另一方面，如果我们错过了一个永远也不会重复的重要的词，我们必须以大于声速的速度追赶声波去捕捉那个词。这两个例子并没有什么不合理的地方，只不过我们都必须以大约400码每秒的速度奔跑。但我们可以想象，随着未来技术的进一步发展，这样的速度是可以实现的。大炮射出的炮弹的速度其实要大于声速，因此骑在这样一颗炮弹上的人永远也听不到发射炮弹的声音。

　　所有这些例子都是纯力学性的，现在我们可以提出一些重要的问题：我们刚才就声波所说的内容是否也适用于光波呢？伽利略相对性原理和经典变换是否既适用于力学现象，又适用于光学和电学现象呢？对于这些问题，如果只是简单地回答"是"或"否"而不深究它们的含义，那是很危险的。

　　在相对于屋外观察者作匀速直线运动的房间中的声波的情

形中，以下两个中间步骤对于我们的结论是必不可少的：

运动的房间携带着传播声波的空气一起运动。

在相对作匀速直线运动的两个坐标系中观察到的速度通过经典变换联系起来。

至于光的相应问题则要表述得略有不同：屋内的观察者不再是说话，而是朝各个方向发出光信号或光波。我们进一步假定，发出光信号的光源永远静止在房间里。光波在以太中运动，就像声波在空气中运动一样。

房间是否会像带着空气一起运动那样带着以太一起运动呢？我们没有以太的力学图像，所以很难回答这个问题。如果房间是封闭的，里面的空气就不得不随它运动。想象以太也是如此，这显然没有意义，因为所有物质都浸在以太之中，以太是无处不在的。任何门都关不住以太。所谓"运动的房间"现在仅仅指与光源刚性连接的一个运动的坐标系。但我们并非不能设想与光源一起运动的房间带着以太一起运动，就像封闭的房间带着声源和空气一起运动一样。但我们同样可以设想相反的情形：房间穿过以太，就像船穿过绝对平静的大海一样，不把介质的任何部分带走而只是穿过它而已。在我们的第一幅图像中，房间带着光源和以太一起运动。在这种情况下，我们可以与声波做类比，得出完全相似的结论。在我们的第二幅图像中，房间带着光源运动，但不带着以太运动。在这种情况下就不能与声波做类比了，在声波的情况下得出的结论并不适用于光波。这是两种极端的可能性。我们还可以设想更复杂的可能性，比如随光源一起运动的房间只携带部分以太。但在我们查明实验支持这两种较为简单的极限情形中的哪一种之前，没有理由讨论更为复杂的假设。

我们先讲第一幅图像，假定房间带着与之刚性连接的光源和以太一起运动。如果我们相信那个应用于声波速度的简单的变换原理，那么现在也可以把结论应用于光波。我们没有理由怀疑这条简单的力学变换定律，它不过是说，某些情况下速度必须相加，某些情况下速度必须相减。我们暂时假定随光源一起运动的房间带着以太走，并且假定经典变换成立。

如果我打开灯，光源与我的房间刚性地连接在一起，那么光信号的速度将是那个著名的实验值 3×10^8 米每秒。但屋外的观察者会注意到房间的运动，因此也会注意到光源的运动。既然以太被带着一起走，他一定会得出这样的结论：在我的屋外坐标系中，沿不同方向的光速是不同的。沿着房间运动方向的光速比标准光速大，逆着房间运动方向的光速比标准光速小。我们的结论是：如果随光源一起运动的房间带着以太走，而且力学定律是有效的，那么光速必定与光源的速度有关。如果光源朝着我们运动，从运动光源到达我们眼睛的光的速度就会较大，如果光源背离我们运动，光速就会较小。

倘若我们的速度大于光速，我们就应当可以逃开光信号。我们可以追上此前发送的光波，从而看到过去发生的事件。我们追上它们的顺序与它们被发送的顺序相反，地球上发生的一连串事件看起来会像从后往前放映电影一样，先讲故事的结局。这些结论都源于一个假设，即运动的坐标系带着以太一起走，以及力学变换定律是有效的。倘若如此，光与声音的类比就是完美的。

然而，没有迹象表明这些结论是真的。恰恰相反，为证明这些结论而作的所有观测都与之相违背。由于光速极大，会造成很多技术上的困难，所以这个裁定是从非常间接的实验中得到的，但其明确性没有任何疑问。**无论光源是否在运动以及如何运动，光速在所有坐标系中都相同。**

这个重要的结论可以从许多实验中得出来。我们不准备详细描述这些实验，但可以作一些非常简单的论证。这些论证虽然并未证明光速与光源的运动无关，但能让这个事实令人信服和可以理解。

在我们的太阳系中，地球和其他行星都围绕太阳运转。我们不知道是否还有其他行星系与太阳系相似。不过，存在着许多由两颗恒星组成的双星系，两颗恒星围绕着它们的引力中心转动。通过观察这种双星的运动，我们发现牛顿的引力定律是有效的。现在假定光的速度依赖于发射体的速度，那么恒星发出的光线是更快还是更慢就要看恒星发光时的速度。在这种情况下，整个运动将会非常混乱，我们不可能通过遥远的双星来确证支配我们整个行星系运动的同一个引力定律的有效性。

我们再来考察一个实验，它所依据的观念非常简单。想象有一个飞速旋转的轮子。根据我们的假设，以太被轮子的运动所携带，并且参与运动。轮子静止或运动时，经过轮子附近的光波的速度会有所不同。静止以太中的光速不同于被轮子迅速带动的以太中的光速，正如声波的速度在无风和有风的日子会有所不同。但这种差异根本检测不到！无论从哪一个角度切入这个主题，无论设计出什么样的判决性实验，结果总是与运动会带动以太这一假设相矛盾。于是，在一些更详细的专业论证的支持下，我们得出了以下结论：

光速并不依赖于光源的运动。

运动物体不会带动周围的以太。

因此，我们必须放弃声波与光波的类比，转而研究第二种可能性：所有物质都在以太中运动，而以太不参与任何运动。这意味着我们要假定存在着一个以太海，所有坐标系都静止其中或者相对于它运动。我们暂且不谈实验能否证明这个理论，先来熟悉一下这个新假设的含义以及从中能够推出什么结论。

有这样一个坐标系，它相对于以太海是静止的。在力学中有许多相对作匀速直线运动的坐标系，但没有一个坐标系可以被区分出来。所有这些坐标系都同样"好"或同样"坏"。如果有两个相对作匀速直线运动的坐标系，在力学中问其中哪一个运动、哪一个静止是毫无意义的。我们只能观察到相对的匀速直线运动。伽利略相对性原理使我们无法谈及绝对的匀速直线运动。不仅存在着**相对的**匀速直线运动，而且存在着**绝对的**匀速直线运动，这句话是什么意思呢？它不过是说，有这样一个坐标系，一些自然定律在它之中不同于在所有其他坐标系之中。此外，每一个观察者都可以把在自己坐标系中有效的定律与在那个唯一的标准坐标系中有效的定律加以比较，以判定他自己的坐标系究竟是静止还是运动。这里的情况与经典力学不同，在经典力学中，伽利略的惯性定律使得绝对的匀速直线运动是毫无意义的。

如果假设运动是穿过以太的，那么在场的现象领域中可以得出什么结论呢？这意味着有一个坐标系与所有其他坐标系都迥然不同，它相对于以太海是静止的。显然，在这个坐标系中有些自然定律必定是不同的，否则说"运动穿过以太"就没有意义了。如果伽利略相对性原理是有效的，那么运动穿过以太将毫无意义。这两种观念是无法调和的。然而，倘若存在一个由以太确定的特殊坐标系，那么说"绝对运动"或"绝对静止"就有了明确的意义。

其实我们没有选择的余地。为了拯救伽利略相对性原理，我们曾假定坐标系在运动时带着以太一起走，但发现与实验不符。唯一出路就是放弃伽利略相对性原理，尝试假定一切物体都在平静的以太海中运动。

下一步就是考察一些结论，它们违反伽利略相对性原理，支持运动穿过以太，并付诸实验检验。这样的实验容易设想，但很难做。由于我们这里只关注思想，所以不必操心技术上的困难。

我们再回到前述的运动房间和屋内屋外的两位观察者。屋外的观察者代表由以太海指定的标准坐标系，在这个与众不同的坐标系中，光速总是具有同样的标准值。以太海中的所有光源，无论是静止还是运动，传播出来的光速都是一样的。房间和它的观察者都穿过以太而运动。设想房间中央的灯忽然发出闪光，随即熄灭，并设想房间的墙是透明的，因此屋内屋外的两位观察者都能测量光速。假如问这两位观察者期待得到什么样的结果，他们的回答大概会是这样：

屋外的观察者：我的坐标系由以太海指定，我的坐标系中的光速总是那个标准值。我不必理会光源或其他物体是否在运动，因为它们绝不会把我的以太海带走。我的坐标系区别于所有其他坐标系。在这个坐标系中，无论光束的方向或光源的运动如何，光速必定是其标准值。

屋内的观察者：我的房间穿过以太海而运动。房间的一面墙在远离光，另一面墙在靠近光。倘若我的房间相对于以太海以光速运动，那么从房间中央发出的光永远也到不了以光速远离它的那面墙。假如房间的运动速度小于光速，那么从房间中央发出的光波将先到达某一面墙。它将先到达朝着光波运动的墙，再到达远离光波运动的墙。因此，虽然光源与我的坐标系刚性连接，但沿各个方向的光速却不会相同。在相对于以太海运动的方向上光速较小，因为墙在远离；在相反的方向上光速较大，因为墙在朝着光波运动，所以遇到光波早些。

因此，只有在以太海所指定的那个坐标系中，各个方向上的光速才是相等的。而在相对于以太海运动的其他坐标系中，光速与我们的测量方向有关。

凭借刚才考察的判决性实验，我们可以检验运动穿过以太海的理论。事实上，大自然为我们提供了一个高速运动的系统——每年绕太阳运转一周的地球。如果我们的假设是正确的，那么沿着地球运动方向的光速将会不同于逆着地球运动方向的光速。这种差异可以计算出来，并且可以设计出恰当的实验加以验证。由于该理论预言的时间差很小，所以必须有非常精巧的实验安排。著名的迈克耳孙－莫雷实验（Michelson-Morley experiment）实现了这个目的，它未能发现光速与方向有什么关系，从而宣判了所有物质都在平静的以太海中穿行的理论死刑。倘若假设以太海理论，那么不仅光速，而且其他与场有关的现象也会显示出与运动坐标系的方向有关。每一个实验都与迈克耳孙－莫雷实验一样给出了否定的结果，从未表明与地球的运动方向有任何关系。

局面变得越来越严重了。两条假设我们都已经试验过了。第一个是说运动物体带着以太走，它违反了光速与光源的运动无关这个事实。第二个是说存在着一个独特的坐标系，运动物体不是带着以太走，而是在永远平静的以太海中穿行。如果是这样，那么伽利略相对性原理就是无效的，光速不可能在每一个坐标系中都相等。这同样与实验相矛盾。

还有更加人为的理论被试验过，认为真理介于这两个极限情形之间，运动物体只携带一部分以太。但这些理论都失败了。事实证明，借助于以太的运动，穿过以太的运动，或者同时用这两种运动来解释运动坐标系中的电磁现象的所有努力均以失败而告终。

这样便出现了科学史上最富戏剧性的局面之一。所有关于以太的假设都行不通！实验的判决总是否定的。回顾物理学的发展我们可以看到，以太自出生之日起便是物理实体家族中"令人难堪的孩子"。首先，我们构造不出简单的以太力学模型，只好作罢，这在很大程度上导致了力学观的崩溃。其次，我们不再指望通过以太海的存在来区分出一个坐标系，使我们既能识别相对运动又能识别绝对运动。除了带着波一起走，这将是以太显示和证明自己存在的唯一方式。我们想让以太变得实在的一切努力都失败了。它既显示不出其力学结构，又显示不出绝对运动。除了发明以太时赋予它的性质，即传播电磁波的能力，所有其他性质都没有留下来。我们试图发现以太的性质，却导致了困难和矛盾。有过这么多糟糕的经历，现在是彻底忘掉以太，再也不提它名字的时候了。我们说：空间具有传播波的物理属性，这样便省去了那个我们决定避开的词。

当然，从我们的词汇中删去一个词是于事无补的。我们遇到的麻烦太大了，根本无法以这种方式来解决！

我们现在把已经被实验充分验证的事实写下来，不再操心"以太"问题。

1. 光在真空中的速度永远为标准值，与光源或光的接受者的运动无关。

2. 在两个相对作匀速直线运动的坐标系中，所有自然定律都完全等同，无法区分出绝对的匀速直线运动。

有许多实验确证了这两点，没有一个实验与其中任何一点相矛盾。第一点表达了光速的不变性，第二点则把为力学现象提出的伽利略相对性原理推广到一切自然现象。

在力学中，我们已经看到：如果一个质点相对于一个坐标系有某个速度，那么它在相对于前一坐标系作匀速直线运动的另一个坐标系中的速度将会有所不同。这一结论源于简单的力学变换原理。这些原理是从我们的直觉（人相对于船和岸运动的例子）中直接得来的，似乎不会有什么错误。但这个变换定律与光速不变性是矛盾的。或者换句话说，我们需要补充第三条原理。

3. 位置和速度是根据经典变换从一个惯性系变换到另一个惯性系的。

矛盾是显而易见的。我们不能把（1）（2）（3）结合在一起。

经典变换看起来极为自明和简单，似乎无法加以改变。我们已经尝试改变过（1）和（2），但与实验结果不一致。所有关于"以太"运动的理论都要求修改（1）和（2），但这毫无用处。我们再次意识到困难的严重性。我们需要一条新的线索，那就是**接受（1）和（2）这两条基本假设，而放弃（3）**，尽管这看起来很奇怪。这条新线索始于对最基本、最原始概念的分析，我们这就来说明这种分析如何迫使我们改变了旧观点，从而消除了所有困难。

7. 时间、距离、相对论

我们的新假设是：

（1）在所有相对作匀速直线运动的坐标系中，光在真空中的速度都相同。

（2）在所有相对作匀速直线运动的坐标系中，一切自然定律都相同。

相对论就是以这两条假设为出发点的。从现在开始，我们不再使用经典变换了，因为我们知道它与这两条假设相矛盾。

就像科学中向来所做的那样，这里需要把我们那些常常未经评判便加以接受的根深蒂固的偏见除去。既然我们已经看到，改变（1）和（2）会与实验相矛盾，我们就必须勇于承认它们是有效的，转而处理那个可能的弱点，即如何把位置和速度从一个坐标系变换到另一个坐标系。我们打算从（1）和（2）中推出结论，看看这两条假设与经典变换矛盾在何处，是怎样矛盾的，并且找到这些结论的物理意义。

我们再次使用屋内屋外有两位观察者的运动房间的例子。从房间中央发出一个光信号，我们再问这两个人期待观察到什么。此时他们只接受上述两条原理，忘却了以前所说的关于光在介质中穿行的内容。他们回答如下：

屋内的观察者：从房间中央发出的光信号将同时到达房间的各面墙，因为各面墙与光源距离相等，光沿各个方向传播的速度又相等。

屋外的观察者：光在我坐标系中的速度与随房间运动的观察者的坐标系中完全一样。在我看来，光源是否在我的坐标系中运动并不重要，因为光源的运动不会影响光速。我看到光信号以标准速度朝各个方向行进。一面墙试图远离光信号，另一面墙则试图靠近光信号。因此，光信号碰到远离的墙要比碰到靠近的墙稍迟一些。如果房间的速度比光速小很多，那么这个时间差会极小，但光信号依然不会同时碰到这两面与运动方向垂直的相对的墙。

比较了这两位观察者的预言之后，我们发现了一个非常惊人的结果，它与一些有着牢固基础的经典物理学概念明显相矛盾。在屋内的观察者看来，两束光到达两面墙这两个事件是同时的，而在屋外的观察者看来却并非同时。在经典物理学中，对于所有坐标系中的所有观察者，我们都只有一个钟，时间的流逝是一样的。时间以及像"同时"、"较早"、"较晚"这样的词都有一种绝对的意义，与任何坐标系都没有关系。在一个坐标系中同时的两个事件，在所有其他坐标系中也必定同时。

（1）和（2）这两条假设，也就是相对论，迫使我们放弃这种观点。我们已经描述过，在一个坐标系中同时的两个事件在另一个坐标系中却不是同时的。我们的任务就是要理解这个结果，理解"在一个坐标系中同时的两个事件，在另一个坐标系中可能不是同时的"这句话的意思。

"在一个坐标系中同时的两个事件"是什么意思呢？每个人从直觉上似乎都知道这句话的意思。但我们必须谨慎，力求给出严格的定义，因为我们知道过分重视直觉有多么危险。我们先来回答一个简单的问题。

什么是钟？

对于时间的流逝，原始的主观感受使我们能够排列出印象的次序，判定一件事发生得较早，另一件事发生得较晚。但要表明两个事件的时间间隔为 10 秒钟，就需要一个钟。钟的使用使时间概念成了客观的。只要能够精确重复任意多次，任何物理现象都可以当作一个钟来使用。若把这样一个事件的首尾时间间隔取作时间单位，那么重复这个物理过程就可以测量任何时间间隔。所有的钟，从最简单的沙漏到最精密的仪器，都是以这个想法为基础的。比如沙漏的时间单位就是沙从上面玻璃瓶流入下面玻璃瓶的时间间隔，倒转玻璃瓶则可以重复这个物理过程。

两个离得很远的点上有两个完美的钟，所指示的时刻完全相同。如果不考虑作出验证，这句话总该是正确的。但它到底是什么意思呢？我们如何才能确信两个相距很远的钟总是指示完全相同的时刻呢？一个可能的办法是使用电视。需要注意的是，电视只是作为一个例子，对于我们的论证并不重要。我可以站在一个钟的旁边看着另一个钟在电视上的图像，然后可以判断它们是否同时指示着相同的时刻。但这并不是一个好的证明。电视图像是电磁波传递的，因此是以光速传播的。我们在电视上看到的图像是很短时间以前发出的，而我们在实际的钟上所看到的却是现在发生的。这个困难很容易避免。我必须在两个钟的中点处取这两个钟的电视图像，在这个中点上观察它们。于是，如果信号是同时发出的，则它们将同时到达我。如果从中点处观察的两个好钟总是指示相同的时刻，则它们就很适合指示在距离很远的两点发生的事件的时间。

在力学中我们只用了一个钟。但这并不很方便，因为我们必须在这个钟附近来进行所有测量。若从远处看钟，比如通过电视去看，我们就必须牢记：我们现在看到的事情其实是以前发生的，一如我们是在日落发生以后 8 分钟才看到日落的。我们必须根据我们与钟的距离对时间读数作出修正。

因此，只有一个钟是不方便的。但是现在，既然我们已经知道如何判断两个或更多个钟是否同时指示相同的时刻，是否走得同样快慢，我们完全可以在给定的坐标系中设想任意多个钟，其中每一个都能帮助我们确定在它附近发生的事件的时间。所有这些钟都相对于坐标系静止，它们都是"好"钟，都是**同步的**，就是说同时指示相同的时刻。

关于钟的这种安排并没有什么特别奇怪的。我们现在使用很多个同步的钟，而不是只使用一个，因此很容易判断在给定的坐标系中，两个遥远的事件是否同时发生。两个事件发生时，如果它们附近同步的钟指示同样的时刻，则它们就是同时的。"两个相距遥远的事件，其中一个比另一个发生得更早"，这一说法现在有了明确的意义。所有这些都可以用静止在我们坐标系中的同步的钟来判断。

这与经典物理学是一致的，也没有出现与经典变换相矛盾的地方。

为了定义什么是同时的事件，我们借助于信号来使钟同步。我们在安排时，务必使信号以光速传播，光速在相对论中发挥着非常根本的作用。

既然要讨论两个相对作匀速直线运动的坐标系的重要问题，我们就需要考察两根量杆，每一根都配有一些钟。两个坐标系相对作匀速直线运动，每一个坐标系中的观察者现在都有他自己的量杆和牢牢固定在量杆上的一组钟。

在经典力学中讨论测量时，我们把一个钟用于所有坐标系。而在这里，每一个坐标系都有多个钟。这个差别并不重要。一个钟足够用了，但只要能精确同步，没有人会反对使用多个钟。

我们正在接近一个关键点，表明经典变换在哪里违反了相对论。当两组钟相对作匀速直线运动时会发生什么？经典物理学家会回答说：什么也没有发生，它们仍然会走得一样快，我们既可以用静止的钟也可以用运动的钟来指示时间。按照经典物理学的看法，在一个坐标系中同时的两个事件，在任何其他坐标系中也是同时的。

但这并非唯一可能的答案。我们同样可以设想运动的钟与静止的钟有不同的快慢。我们现在来讨论这种可能性，暂时不去判断钟在运动时是否真的会改变快慢。说"运动的钟会改变快慢"，这是什么意思呢？为简单起见，假定上面的坐标系只有一个钟，下面的坐标系则有许多个钟。所有钟的构造都相同，下面几个钟是同步的，亦即同时指示相同的时刻。在下面三幅图中，我们画出了作相对运动的两个坐标系的三个相继位置。在第一幅图中，我们约定上下几个钟的指针指向相同的位置。在第二幅图中我们看到，一段时间以后，两个坐标系有了相对位置。在下面的坐标系中，所有钟都指示着相同的时刻，而在上面的坐标系中，钟的快慢却改变了。之所以有这种快慢改变和时间差异，是因为这个钟正在相对于下面的坐标系运动。在第三幅图中，我们看到指针位置的差异随时间而增大了。

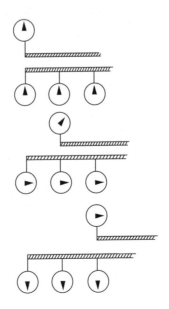

静止在下面坐标系中的观察者会发现，运动的钟改变了快慢。如果这个钟相对于上面坐标系中静止的观察者而运动，当然也会发现同样的结果；在这种情况下，上面的坐标系中必须有许多个钟，而下面的坐标系中则只要一个。在两个作相对运动的坐标系中，自然定律必定是相同的。

在经典力学中，我们默认运动的钟不会改变快慢。这似乎太过明显，几乎不值得提及。但如果真想认真，没有任何东西是太过明显的，我们应当对物理学中一直被视为理所当然的假设进行分析。

不能因为某个假设只是跟经典物理学的假设不同就认为它是不合理的。我们完全可以设想运动的钟会改变快慢，只要这种变化定律对于所有惯性系都相同。

再举一例。取一根米尺，这意味着只要它静止在某个坐标系中，它的长度就是 1 米。现在它作匀速直线运动，沿着代表坐标系的量杆滑动。它的长度看起来还是 1 米吗？我们必须预先知道如何确定它的长度。只要米尺静止，它的两端就会与坐标系上相隔 1 米的两个刻度重合。由此我们断定，静止米尺的长度是 1 米。而当这根尺子运动时，我们如何来测量它的长度呢？可以这样做：两位观察者在某一时刻同时拍快照，一个人拍运动尺子的始端，另一个人拍它的末端。由于照片是同时拍的，我们可以通过比较运动尺子的始端和末端与坐标系量杆重合的那两个刻度来确定它的长度。必须有两位观察者来留意在该坐标系的不同位置同时发生的事件。没有任何理由认为这样的测量结果会与米尺静止时相同。既然照片必须同时拍，而我们知道，"同时"是一个与坐标系有关的相对概念，因此在彼此作相对运动的不同坐标系中，这种测量似乎很可能会得出不同的结果。

我们完全可以设想，如果变化定律对于所有惯性坐标系都相同，那么不仅运动的钟会改变快慢，运动的尺子也会改变长度。

到目前为止，我们只讨论了一些新的可能性，而没有为认定这些可能性给出任何理由。

我们还记得，在所有惯性坐标系中光速都相同。这一事实与经典变换是无法调和的。这个结必须在某处打破，难道不能在这里吗？我们难道不能假定运动钟的快慢和运动量杆的长度会发生改变，以致由这些假定可以直接推出光速不变吗？的确可以！这就是相对论彻底不同于经典物理学的第一个实例。我们的论证可以颠倒过来：如果光速在所有坐标系中都相同，那么运动的量杆必须改变长度，运动的钟也必须改变快慢，这些变化所遵从的定律是严格确定的。

所有这些并没有什么神秘或不合理的地方。在经典物理学中，我们总是假定运动的钟和静止的钟有相同的快慢，运动量杆和静止量杆有相同的长度。如果光速在所有坐标系中都相同，如果相对论是有效的，我们就必须牺牲掉这个假设。这些根深蒂固的偏见很难去除，但我们别无他法。从相对论的观点来看，旧概念显得很武断。为什么要相信对于所有坐标系中的所有观察者，绝对时间都以同样的方式流逝呢？为什么要相信距离不可改变呢？时间由钟来测定，空间坐标由量杆来测定，测定结果也许会依赖于这些钟和量杆在运动时的行为。没有理由认为它们会按照我们希望的方式来行为。经由电磁场现象，观测结果间接地表明，运动的钟会改变快慢，运动的量杆会改变长度，而根据力学现象，我们想不到会有这种事情发生。在每一个坐标系中我们都必须接受相对时间的概念，因为这是解决困难的最佳出路。从相对论中发展出来的进一步的科学进展表明，不应把这个新观点看成"必然的恶"（malum necessarium），因为它的功绩太过显著。

迄今为止，我们一直在试图说明是什么东西让我们作出了相对论的基本假设，以及相对论如何迫使我们修改经典变换，以新的方式来处理时间和空间。我们的目标是指出新物理哲学观的那些基本观念。这些观念都很简单，但以这里表述的形式还不足以得出任何定性或定量的结论。我们必须重新启用那种老办法，即只解释主要观念，对于其他一些观念则只作陈述而不给出证明。

为了说清楚相信经典变换的旧物理学家（下面称之为"古"）与懂得相对论的现代物理学家（下面称之为"今"）在观点上的区别，设想他们作了以下对话：

古：我相信力学中的伽利略相对性原理，因为我知道在两个相对作匀速直线运动的坐标系中，力学定律是相同的。或者换句话说，这些定律对于经典变换是不变的。

今：但相对性原理必须适用于我们外界的所有事件。在相对作匀速直线运动的坐标系中，不仅力学定律必须相同，所有自然定律都必须相同。

古：但是在相对运动的坐标系中，怎么可能所有自然定律都相同呢？场方程即麦克斯韦方程对于经典变换并不是不变的。

光速的例子清楚地表明了这一点。根据经典变换，这个速度在两个相对运动的坐标系中不应相同。

今：这只表明经典变换是不适用的，两个坐标系之间的关联必须有所不同；我们也许不能依照这些变换定律把不同坐标系中的坐标和速度联系起来，而是必须代之以新的定律，从相对论的基本假设中将其推导出来。我们暂不去管这种新变换定律的数学表述，只要知道它与经典变换不同就够了。我们将它简称为**洛伦兹变换**。可以证明，麦克斯韦方程即场定律对于洛伦兹变换是不变的，就像力学定律对于经典变换是不变的一样。让我们回忆一下经典物理学中的情形。坐标有坐标的变换定律，速度有速度的变换定律，但两个相对作匀速直线运动的坐标系中的力学定律却是相同的。我们有空间的变换定律，却没有时间的变换定律，因为时间在所有坐标系中都相同。而在相对论中却不同了，空间、时间和速度都有跟经典变换不同的变换定律。但同样，自然定律在所有相对作匀速直线运动的坐标系中都必须相同。自然定律必须是不变的，但不是像前面那样对于经典变换不变，而是对于一种新的变换即所谓的洛伦兹变换不变。在所有的惯性坐标系中，自然定律都是有效的，从一个坐标系到另一个坐标系的过渡是由洛伦兹变换给出的。

古：我相信你的话，但我很想知道经典变换与洛伦兹变换的差别。

今：你的问题最好通过以下方式来回答。你且说出经典变换的一些典型特征，我试着解释一下它们是否已经保存在洛伦兹变换中，如果没有，我再解释它们如何发生了改变。

　　古：假定我的坐标系中有某个事件发生在某一点、某一时刻，那么相对于我的坐标系作匀速直线运动的另一个坐标系中的观察者会为这个事件的发生位置指定不同的数，但时间当然是相同的。我们在所有坐标系中都使用同一个钟，钟是否运动无关紧要。在你看来也是这样吗？

　　今：不，不是这样的。每一个坐标系都必须配备它自己静止的钟，因为运动会改变钟的快慢。两个不同坐标系中的两位观察者不仅会为位置指定不同的数，而且会为这个事件发生的时刻指定不同的数。

　　古：这意味着时间不再是不变量。在经典变换中，所有坐标系中的时间都相同。而在洛伦兹变换中则并非如此，时间变得和经典变换中的坐标有点相似。我想知道，长度的情况是怎样的？根据经典力学的看法，刚性量杆无论静止还是运动都不会改变长度。现在还是如此吗？

　　今：不是了。事实上，根据洛伦兹变换，运动的量杆会沿运动方向收缩，如果速度增加，收缩也会增加。量杆运动得越快，看起来就越短。但这种收缩只发生在运动方向上。在下图中我们可以看到，一根量杆在运动速度接近光速的 90% 时，其长度会收缩到原来的一半，但在垂直于运动的方向上却没有收缩。

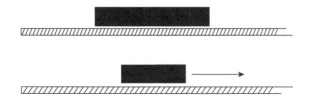

　　古：这意味着运动钟的快慢和运动量杆的长度都与速度有关，但关系是什么呢？

　　今：随着速度的增加，改变愈发明显。根据洛伦兹变换，一根尺子的速度若是达到光速，其长度会收缩为零。同样，与它沿着量杆经过的各个钟相比，运动的钟会渐渐慢下来，倘若以光速运动，它就会停住。

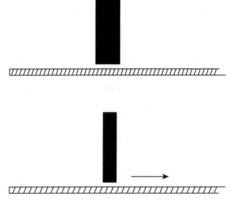

　　古：这似乎与我们所有的经验都不相符。我们知道，汽车运动时并不会变短。我们也知道，汽车司机可以把他的"好"钟与沿途经过的各个钟加以比较，发现它们总是很一致。这与你的说法相反。

　　今：这当然是对的，但这些力学速度都远远小于光速，因此把相对论用于这些现象是荒谬的。每一个汽车司机即使把速度增加几十万倍，也能放心地使用经典物理学。只有在速度接近光速时，才能期望实验结果与经典变换之间有不一致。只有在速度很大时才能检验洛伦兹变换的有效性。

古：但还有另一个困难。根据力学，我可以想象物体的速度甚至大于光速。一个物体如果相对于漂浮的船以光速运动，则它相对于岸的速度就应比光速更大。一根尺子的速度若是等于光速，其长度会收缩为零，那么当它的速度大于光速时会出现什么情况呢？我们无法期望有一种负的长度。

今：你实在没有理由作这样的讽刺！根据相对论的观点，物体的速度不可能大于光速，光速构成了所有物体速度的上限。倘若一个物体相对于船的速度等于光速，那么它相对于岸的速度也等于光速。加减速度的简单力学定律不再有效，或者更确切地说，对于小的速度近似有效，对于接近光速的速度则不再有效。表示光速的数明确出现在洛伦兹变换中，和经典力学中的无限大速度一样扮演着极限情形的角色。这个更一般的理论与经典变换和经典力学并不矛盾。恰恰相反，当速度很小时，作为极限情形，我们又得到了旧概念。从新理论的观点可以看得很清楚，经典物理学在哪些情况下有效，它的极限在哪里。把相对论用于汽车、轮船和火车的运动，就像把计算机用于只用乘法表便可解决的问题一样可笑。

8. 相对论与力学

相对论产生于迫切需要，产生于旧理论中似乎无法摆脱的严重而深刻的矛盾。新理论的长处在于解决所有这些困难时非常一致和简单，只用了很少几条令人信服的假设。

虽然这种理论源于场的问题，但它必须包含所有物理定律。

这里似乎有一个困难。场的定律和力学定律属于完全不同的类型。电磁场方程对于洛伦兹变换是不变的,力学方程对于经典变换是不变的。但相对论声称,所有自然定律都必须对于洛伦兹变换不变,而不是对于经典变换不变。经典变换仅仅是两个坐标系的相对速度很小时洛伦兹变换的一个特殊的极限情况。如果是这样,就必须改变经典力学,以满足对于洛伦兹变换的不变性要求。或者换句话说,速度接近光速时,经典力学就不再有效了。从一个坐标系过渡到另一个坐标系只有一种变换,那就是洛伦兹变换。

我们只需把经典力学加以改造,使之既不违反相对论,又不违反经典力学所解释的大量观测材料。旧力学适用于小速度,是新力学的极限情况。

我们不妨考虑相对论使经典力学发生改变的一个实例,也许能够引出某些可用实验加以证明或否证的结论。

假定某个具有一定质量的物体在沿直线运动,一个外力沿着它的运动方向作用于它。我们知道,力正比于速度的变化。或者说得更明确些,某个物体在 1 秒钟内速度是从 100 英尺每秒增加到 101 英尺每秒,或者从 100 英里每秒增加到(100 英里+1 英尺)每秒,还是从 180000 英里每秒增加到(180000 英里+1 英尺)每秒,都是无关紧要的。只要一个物体在相同时间内获得相同的速度改变,作用于该物体的力就总是相同的。

这句话从相对论的观点来看对吗?不对!这条定律只对小速度有效。根据相对论,接近光速的大速度的定律是怎样的呢?如果速度很大,再要增加速度就需要极大的力。把 100 英尺每秒的速度增加 1 英尺每秒和把接近光速的速度增加 1 英尺每秒根本不可同日而语。速度越接近光速，增加它就越难。速度等于光速时，就不可能再增加了。因此，相对论所引起的这些改变是不足为奇的。光速是所有速度的上限。一个有限的力，无论多么大，都不能使速度增加到超过这个极限。一种更复杂的力学定律出现了，它取代了联系力与速度变化的旧力学定律。从我们的新观点来看，经典力学很简单，因为几乎在所有观察中，我们处理的速度都远小于光速。

静止的物体具有一定的质量，被称为静止质量。力学告诉我们，任何物体都会抵抗其运动的变化；质量越大，抵抗越大，质量越小，抵抗也越小。但在相对论中却不仅如此。不仅静止质量越大，物体对运动变化的抵抗就越大，而且速度越大，抵抗也越大。在经典力学中，既定物体的抵抗是不变的，仅由物体的质量来刻画。而在相对论中，它既与静止质量有关，也与速度有关。当速度接近光速时，抵抗就成为无限大。

刚才引述的结果使我们能用实验来检验这个理论。速度接近光速的抛射体对外力作用的抵抗会符合理论预测吗？由于相对论在这方面的陈述具有定量性，所以倘若速度接近光速的抛射体能够实现，我们就能证明或否证这个理论。

我们在自然之中的确可以找到具有这种速度的抛射体。放射性物质的原子，比如镭原子，能像大炮一样发射速度极高的炮弹。我们不去深入细节，只引用现代物理学和化学中一个非常重要的观点。宇宙万物都是由少数几种**基本粒子**构成的，就像一座城市中有尺寸不一、结构不同和建筑各异的房屋，但无论是简陋的棚子还是摩天大楼，都是用少数几种砖块建成的。同样，我们物质世界中所有已知的化学元素，从最轻的氢到最重的铀，都是由同样几种基本粒子构成的。最重的元素或最复杂的建筑是不稳定的，它们会衰变，或者说具有放射性。构成放射性原子的某些基本粒子有时会以接近光速的速度被抛射出来。根据现在已被大量实验确证的看法，元素的原子（比如镭原子）结构非常复杂，放射性衰变等诸多现象表明，原子是由更加简单的砖块即基本粒子所构成的。

通过巧妙而复杂的实验，我们可以查明粒子是如何抵抗外力作用的。实验表明，这些粒子的抵抗与速度有关，这正是相对论所预言的。在可以表明抵抗与速度有关的其他许多事例中，理论与实验也完全一致。我们再次看到了创造性科学工作的本质特征：理论预言某些事实，然后实验加以确证。

这个结果暗示着另一个重要推广。静止物体有质量，但没有动能（即运动的能量）。运动物体既有质量又有动能。它比静止物体更强烈地抵抗速度的改变，运动物体的动能就好像增加了它的抵抗似的。如果两个物体有相同的静止质量，则动能较大的物体对外力作用的抵抗较强。

设想有一个装着许多球的箱子，箱子和球在我们的坐标系中都是静止的。要使箱子运动，增加它的速度，需要某个力。但如果各个球在箱子里像气体分子一样以接近光速的平均速度朝各个方向运动，那么同样的力在相同时间内能否使速度增加相同的量呢？由于球增加的动能加强了箱子的抵抗，所以现在需要更大的力。能量，至少是动能，会像有重量的质量一样抵抗运动。那么，一切种类的能量都是如此吗？

对于这个问题，相对论由自己的基本假设给出了一个清晰而令人信服的回答，而且是定量性的：所有能量都会抵抗运动的改变；所有能量都像物质一样行为；炽热的铁块要比冰冷时更重；太阳发出的穿过空间的辐射包含能量，因此也有质量；太阳和所有辐射星体都因为发出辐射而损失质量。这个非常一般的结论是相对论的一项重要成就，与检验它的所有事实都符合。

经典物理学引入了两种实体，即物质和能量。物质有重量，能量没有重量。经典物理学中有两个守恒定律，一个是物质守恒，另一个是能量守恒。我们曾经追问，现代物理学是否仍然秉持着这种对两种实体和两个守恒定律的看法。回答是："否"。根据相对论，质量与能量之间没有本质区别。能量有质量，质量代表能量。我们现在不是有两个而是只有一个守恒定律，即质量－能量守恒。事实证明，这种新观点在物理学的进一步发展中非常成功，富有成效。

能量有质量，质量代表能量，人们为什么一直没有发现这个事实呢？热铁块要比冷铁块更重吗？现在对这个问题的回答是"是"，而过去（见"热是实体吗"一节）则是"否"。其间的内容肯定还不足以讲清楚这个矛盾。

我们这里遇到的困难与前面遇到的是同一种类型。相对论预言的质量变化小到无法测量，哪怕最灵敏的天平也无法直接检测出来。有很多令人信服但间接的方式可以证明能量有重量。

之所以缺乏直接证据，是因为物质与能量之间的兑换率太小。能量之于质量，就如同贬值货币之于高值货币。为了说清楚这一点，让我们举一个例子。能把 3 万吨水变成蒸汽的热量称起来大约只有 1 克重。之所以一直认为能量没有重量，仅仅是因为它所代表的质量太小了。

旧的能量－实体是相对论的第二个牺牲品，第一个牺牲品是传播光波的介质。

相对论的影响远远超出了产生相对论的那个问题。它消除了场论的困难和矛盾，提出了更一般的力学定律，用一个守恒定律取代了两个守恒定律，改变了我们经典的绝对时间概念。其有效性并不限于物理学领域，它所形成的一般框架包含一切自然现象。

9. 时－空连续区

"1789 年 7 月 14 日，法国大革命开始于巴黎"。这句话陈述了一个事件的地点和时间。如果一个人初次听到这句话，并且不懂"巴黎"是什么意思，你可以告诉他：这是我们地球上的一座城市，位于北纬 49 度东经 2 度。于是，这两个数刻画了事件发生的地点，"1789 年 7 月 14 日"则刻画了事件发生的时间。在物理学中，精确刻画事件发生的地点和时间远比在历史学中更重要，因为这些数据是定量描述的基础。

为简单起见，我们前面只考虑了直线运动。我们的坐标系是一根有原点无终点的刚性量杆，这一限制我们还保留。在量杆上取不同的点，其位置只能用一个数即该点的坐标来刻画。说一个点的坐标是 7.586 英尺，意思是它与量杆原点的距离为 7.586 英尺。反过来，如果有人给我任何一个数和一个单位，我总能在量杆上找到一个点与这个数对应。可以说，量杆上任何一个明确的点都与一个数对应，任何一个数都与量杆上一个明确的点对应。数学家将这个事实表述为：量杆上所有的点构成了一个**一维连续区**。距离量杆上每一个点任意近的地方都有一个点。我们可以用任意小的步距将量杆上两个相距遥远的点连接起来。将相距遥远的两点连接起来的步距可以任意小，这就是连续区的典型特征。

还有一例。假定有一个平面，或者你如果喜欢，假定它是一个长方形桌面。桌面上某一点的位置可以用两个数来刻画，而不像前面那样只用一个数来刻画。这两个数就是该点与桌面两条垂直边的距离。平面上每一点对应于两个数而不是一个数，任何两个数都有一个确定的点跟它对应。换句话说，平面是一个**二维连续区**。与平面上每一点距离任意近的地方都有别的点。可以用分成任意小步距的一条曲线将两个相距遥远的点连接起来。将相距遥远的两点连接起来的步距可以任意小，每一点都可以用两个数来表示，这就是二维连续区的典型特征。

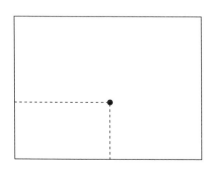

再举一个例子。假定你要把自己的房间看成你的坐标系，也就是说，你想借助于房间的墙来描述所有位置。如果一盏灯是静止的，那么这盏灯的位置可以用三个数来描述：其中两个数决定它与两个垂直墙面的距离，第三个数决定它与天花板或地板的距离。空间中每一点都对应于三个确定的数，任何三个数都对应于空间中某个确定的点。用一句话来说就是：我们的空间是一个**三维连续区**。与空间中每一点距离任意近的地方都有别的点。将相距遥远的两点连接起来的步距可以任意小，每一点都可以用三个数来表示，这就是三维连续区的典型特征。

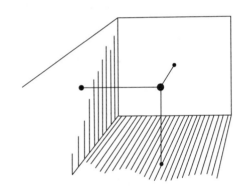

但以上所谈还不是物理学。现在回到物理学，我们必须考察物质粒子的运动。要想观察和预言自然之中的事件，不仅要考虑物理事件的位置，还要考虑它发生的时间。我们再举一个非常简单的例子。

假定一个小石头（可以看成一个粒子）从256英尺高的塔上落下来。自伽利略的时代起，我们就能预言石头开始下落后在任何时刻的坐标。以下是描述石头在0、1、2、3、4秒后所在位置的"时间表"。

时间 （秒）	离地高度 （英尺）
0	256
1	240
2	192
3	112
4	0

我们的"时间表"中记录着五个事件，每一个事件都用两个数即它的时间和空间坐标来表示。第一个事件是石头在 0 秒时从距地面 256 英尺处下落。第二个事件是石头经过我们的刚性量杆（塔）距地面 240 英尺处，这发生在下落 1 秒之后。最后的事件是石头碰到地面。

我们可以用另一种方式来表示从这张"时间表"中得到的知识，比如可以把"时间表"中的五对数字表示成平面上的五个点。我们先来确定比例尺。如图所示，一个线段表示 100 英尺，另一个线段表示 1 秒。

100英尺　　　　　　　1秒

然后画两条垂直的线，称水平线为时间轴，称竖直线为空间轴。我们立刻发现，我们的"时间表"可以用时－空平面中的五个点来表示。

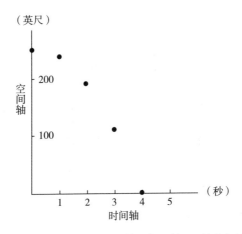

点与空间轴的距离代表"时间表"第一列中记录的时间坐标，与时间轴的距离则代表空间坐标。

"时间表"和平面上的点，方式虽然不同，表达的事物却完全一样。每一种方式都可以由另一种方式构造出来。这两种方式中选择哪一种取决于人的爱好，因为它们其实是等价的。

现在我们再前进一步。假定有一张更好的"时间表"，它给出的不是每 1 秒的位置，而是每 1/100 秒或 1/1000 秒的位置。这样一来，我们的时 - 空平面上就会有很多点。最后，如果对每一时刻都给出位置，或如数学家所说，把空间坐标表示成时间的函数，这些点就成了一条连续的线。于是，下图描绘的并非以前那种知识片段，而是关于运动的全部知识。

沿着刚性量杆（塔）的运动，也就是一维空间中的运动，在这里表示为二维时 - 空连续区中的一条曲线。我们时 - 空连续区中的每一点都对应于两个数，一个是时间坐标，另一个是空间坐标。反过来，对事件进行刻画的任意两个数都对应于我们时 -

空连续区中的某个点。相邻的两个点代表在略为不同的时间和位置发生的两个事件。

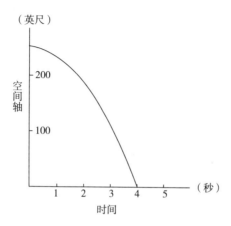

你或许会这样来反对我们的图示：用线段来代表时间单位，将它机械地与空间结合在一起，两个一维连续区结合成一个二维连续区，这是毫无意义的。但这样一来，你就必须同样强烈地反对许多图示，比如表示去年夏天纽约温度变化的图，表示近年来生活费用变化的图，等等，因为这些例子使用的都是同样的方法。在温度图中，一维的温度连续区与一维的时间连续区结合成二维的温度-时间连续区。

让我们回到从256英尺高塔上落下的粒子。我们对运动的常用图示刻画了粒子在任一时刻的位置。知道了粒子是如何运动的，我们就能再次把它的运动画下来。这有两种方式。

我们还记得粒子在一维空间中位置随时间变化的图，运动被看成一维连续区中发生的一系列事件。我们并未把时间和空间混在一起，而是使用了位置随时间**变化**的**动态**图。

但我们也可以用另一种方式来画同一运动，把它看成二维时－空连续区中的曲线，构成一张**静态**图。现在运动被画成了二维时－空连续区中的某种东西，而不是某种在一维空间连续区中变化的东西。

这两种图完全等价，偏爱哪一种取决于人的习惯和爱好。

关于运动的这两种图示，这里所说的一切都与相对论无关。两种图示可以平等地使用，不过经典物理学更偏爱动态图，把运动描绘成空间中发生的事件，而不是存在于时－空中的东西。但相对论改变了这种看法。它明确支持静态图，发现把运动表示成时－空中的某种东西，更加客观和方便地描绘了实在。我们还要回答一个问题：为什么这两种图从经典物理学的观点来看是等价的，而从相对论的观点来看却不等价呢？

要想知道这个问题的答案，需要重新考虑相对作匀速直线运动的两个坐标系。

根据经典物理学，两个相对作匀速直线运动的坐标系中的观察者将为同一个事件指定不同的空间坐标和相同的时间坐标。所以在上述例子中，在我们选定的坐标系中，石头碰到地面是用时间坐标"4"和空间坐标"0"来刻画的。根据经典力学，相对于我们的坐标系作匀速直线运动的观察者也会认为石头在4秒之后到达地面。但这位观察者会把距离与他的坐标系相参照，而且一般来说会把不同的空间坐标与石头碰到地面这件事联系起来，尽管对于他和所有其他相对作匀速直线运动的观察者来说，时间坐标都相同。经典物理学只知道，对于所有观察者来说，有一个"绝对"时间在流动。对于每一个坐标系，都可以把二维连续区分成两个一维连续区：时间与空间。由于时间是"绝对的"，所以在经典物理学中，从运动的"静态"图到"动态"图的过渡就有了一种客观意义。

但是我们已经确信，不能把经典变换普遍用于物理学。从实用的角度来看，对于小速度来说它还可以用，但不能用来解决基本的物理问题。

根据相对论，石头碰到地面的时间不会在所有观察者看来都一样。在两个不同的坐标系中，时间坐标和空间坐标都会不同。倘若相对速度接近光速，时间坐标的变化将会非常明显。我们不能像在经典物理学中那样把二维连续区分解成两个一维连续区。在确定另一个坐标系中的时－空坐标时，我们绝不能把空间和时间分开来考虑。从相对论的观点来看，把二维连续区分解成两个一维连续区似乎是一种没有客观意义的武断做法。

不难把我们刚才讲的一切推广到非直线运动的情况。事实上，描述自然之中的事件需要用四个数而不是两个数。通过物体及其运动来构想的我们的物理空间有三个维度，位置由三个数来刻画。事件的时刻是第四个数。每一个事件都对应于四个确定的数，任何四个数都对应于一个确定的事件。于是，事件世界就成了一个四维连续区。这一点并无神秘之处，这句话对于经典物理学和相对论都是同样正确的。但是当我们考察两个相对作匀速直线运动的坐标系时又会发现差异。假定房间在运动，屋内屋外的观察者要确定同一个事件的时－空坐标。经典物理学家们会把这个四维连续区分解成三维空间和一维时间连续区。旧物理学家只关心空间变换，因为对他来说，时间是绝对的。他认为把四维世界连续区分解成空间和时间是方便而自然的。但是从相对论的观点来看，从一个坐标系过渡到另一个坐标系时，时间和空间都会改变。洛伦兹变换考察的正是我们四维事件世界的四维时－空连续区的变换性质。

事件世界可以用一幅投射到三维空间背景上的随时间变化的动态图来描述，但也可以用一幅投射到四维时－空连续区背景上的静态图来描述。从经典物理学的观点来看，这一动一静的两幅图是等价的。不过从相对论的观点来看，静态图要更方便、更客观。

如果愿意，即使在相对论中我们也仍然可以使用动态图。但我们必须记住，这种对时间和空间的划分并无客观意义，因为时间不再是"绝对"的。接下来我们仍然会用"动态"而非"静态"的语言，请记住它的局限性。

10. 广义相对论

还有一点需要澄清。有一个最基本的问题尚未解决：惯性系存在吗？对于自然定律，自然定律对洛伦兹变换的不变性，以及它们在相对作匀速直线运动的所有惯性系中的有效性，我们已经有所了解。我们有了定律，但不知道它们属于哪个参照系。

为了把这个问题看得更清楚，我们采访一位经典物理学家，向他提出几个简单的问题：

"什么是惯性系？"

"是力学定律在其中有效的坐标系。在这样一个坐标系中，不受外力作用的物体总是作匀速直线运动。凭借这个性质，我们可以把惯性坐标系和其他坐标系区分开来。"

"但是说'没有力作用于物体上'，这话是什么意思呢？"

"这只是说物体在惯性坐标系中作匀速直线运动。"

这里我们可以再问一次："什么是惯性坐标系？"但由于得到与前面不同的回答希望渺茫，我们不妨把问题改变一下，看看能否得到一些具体的信息。

"与地球刚性连接的坐标系是惯性坐标系吗？"

"不是，因为由于地球的转动，力学定律在地球上并非严格有效。在许多问题上，我们可以把与太阳刚性连接的坐标系看成一个惯性坐标系，但在谈论太阳的转动时，同样不能把一个与太阳刚性连接的坐标系看成惯性坐标系。"

"那么你所说的惯性坐标系究竟是什么呢？它的运动状态如何选择？"

"它只是一个有用的虚构，我不知道如何实现它。倘若我能远离所有物体，并且不受任何外界影响，我的坐标系就是惯性的。"

"但你所说的不受任何外界影响的坐标系是什么意思呢？"

"我的意思是那个坐标系是惯性的。"

于是我们又回到了最初那个问题！

我们的采访揭示了经典物理学中的一个严重困难。我们有定律，但不知道它们属于哪一个参照系，我们的整座物理学大厦似乎都建在沙子上。

我们可以从另一种观点来考察这个困难。想象在整个宇宙中只有一个物体，它成了我们的坐标系。这个物体开始转动。根据经典力学，转动物体的物理定律不同于不转动物体的物理定律。惯性原理若在一种情况下有效，在另一种情况下就无效了。但这听起来很让人怀疑。倘若整个宇宙中只有一个物体，我们可能考察它的运动吗？所谓物体的运动，我们总是指它相对于另一个物体的位置改变。因此，谈论唯一一个物体的运动是违反常识的。在这一点上，经典物理学与常识严重不一致。牛顿的说法是：如果惯性定律有效，那么这个坐标系要么静止，要么作匀速直线运动。如果惯性定律无效，那么物体作的是非匀速运动。因此，我们对运动或静止的判断依赖于是否所有物理定律都适用于某个给定的坐标系。

取两个物体，比如太阳和地球。我们观察到的运动同样是相对的。为了描述它，我们既可以把坐标系与地球相连，也可以与太阳相连。从这个观点来看，哥白尼的伟大成就在于把坐标系从地球转到了太阳。但由于运动是相对的，任何参照系都可以用，所以似乎没有理由更偏爱某个坐标系。

物理学再次干涉和改变了我们的常识观点。与太阳相连的坐标系比与地球相连的坐标系更像惯性系，物理定律应当适用于哥白尼的坐标系而不是托勒密的坐标系。只有从物理学的观点出发才能认识到哥白尼的发现有多么伟大。它表明，使用与太阳刚性连接的坐标系来描述行星的运动有莫大的好处。

在经典物理学中，绝对的匀速直线运动并不存在。如果两个坐标系相对作匀速直线运动，那么说"这个坐标系静止，那个坐标系运动"是没有意义的。但如果两个坐标系相对作非匀速直线运动，那么就完全有理由说："这个物体运动，那个物体静止（或匀速直线运动）。"绝对运动在这里有着非常明确的意义。在这一点上，常识与经典物理学之间有一条宽阔的鸿沟。刚才提到的惯性系的困难与绝对运动的困难是密切相关的。正是因为有了自然定律在其中有效的惯性系的观念，绝对运动才是可能的。

这些困难似乎是无法避免的，就好像任何物理理论都无法避免它们一样。其根源在于，自然定律只对惯性系这一种特殊的坐标系才有效。这个困难能否解决，取决于如何回答以下问题。我们表达的物理定律能否对所有坐标系都有效，亦即不仅对相对作匀速直线运动的坐标系有效，而且对相对作任何运动的坐标系也有效呢？如果可以做到，我们的困难也就解决了。那样一来，我们就可以把自然定律应用于任何一个坐标系，以前托勒密与哥白尼观点之间的激烈斗争也就变得没有意义了。对每一个坐标系的使用都是平权的。"太阳静止，地球运动"或"太阳运动，地球静止"这两句话仅仅是涉及两个不同坐标系的两种不同约定而已。

我们能否建立一种在所有坐标系中都有效的真正的相对论物理学呢？或者说，能否建立一种只有相对运动而没有绝对运动的物理学呢？这的确是可能的！

关于如何建立这种新物理学，我们至少已经有一条线索，尽管这条线索非常弱。真正的相对论物理学必须适用于一切坐标系，因此也适用于惯性坐标系这个特例。我们已经知道适用于这个惯性坐标系的一些定律。在惯性系的特例中，对一切坐标系有效的新的一般定律必须归于旧的已知定律。

　　为一切坐标系提出物理定律的问题已经被所谓的**广义相对论**解决了。前面所讲的理论被称为狭义相对论，只适用于惯性系。当然，这两种理论不能彼此矛盾，因为我们必须总是把旧的狭义相对论定律纳入一个惯性系的一般定律。但是，正因为以前物理定律仅仅是针对惯性坐标系而提出的，所以现在惯性坐标系将成为特殊的极限情形，因为在广义相对论中，一切相对作任意运动的坐标系都是允许的。

　　这就是广义相对论的纲领。但要概述这个纲领是如何实施的，我们必须说得比以前更模糊些。科学发展过程中产生的新困难迫使我们的理论变得越来越抽象。异乎寻常的意外经历仍然在等待着我们。但我们的最终目标永远是更好地理解实在。联系理论与观察的逻辑链条又增加了新的环节。为把理论到实验的道路上不必要的人为假设清除掉，使理论涵盖越来越广的事实，就必须使这个链条越来越长。我们的假设变得越简单、越基本，数学推理工具越复杂，从理论到观察的道路就越长、越复杂、越难以描述。虽然听起来很悖谬，但我们依然可以说：新物理学比旧物理学更简单，因此也似乎更困难、更复杂。我们关于外在世界的图像越简单，包含的事实越多，就越能在我们的心灵中反映出宇宙的和谐。

　　我们的新观念很简单：建立一种对于所有坐标系都有效的物理学。这种观念的实现使形式变得更加复杂，我们不得不使用一些物理学尚未用过的数学工具。这里我们只阐述这个纲领的实现与两个主要问题（引力和几何学）的关系。

11. 升降机内外

惯性定律标志着物理学中的第一项伟大进展，事实上是物理学的真正开端。它是通过思索一个理想实验而得到的，即一个物体在既无摩擦又无任何外力作用的情况下永远运动下去。从这个例子以及后来许多其他例子中，我们认识到由思想创造的理想实验的重要性。这里同样要讨论理想实验。这些理想实验听起来也许很荒唐，却能像简单方法一样帮助我们理解相对论。

前面讲过作匀速直线运动的房间的理想实验。这里我们要讲一个下落升降机的理想实验。

想象有一个大升降机位于摩天大楼的楼顶，这座摩天大楼比任何实际的摩天大楼都要高得多。突然，升降机的钢缆断了，于是升降机朝着地面自由下落。下落过程中，升降机里的观察者正在做实验。描述这些实验的时候，我们不必考虑空气的阻力或摩擦力，因为在理想条件下可以不考虑它们的存在。一位观察者从口袋里拿出一块手帕和一块表，然后丢开它们。这两个物体会怎样呢？正在从升降机的窗户外面朝里望的观察者会发现，手帕和表都以同样的加速度落向地面。我们还记得，落体的加速度与它的质量无关，正是这个事实揭示了引力质量与惯性质量的相等。我们也记得，从经典力学观点来看，引力质量与惯性质量的相等是完全偶然的，在经典力学的结构中不起任何作用。然而在这里，从所有落体都有相同的加速度这一事实中反映出来的两种质量的相等是至关重要的，它构成了我们全部论证的基础。

让我们回到那块下落的手帕和表。在升降机外面的观察者看来，这两个物体都以同样的加速度下落。但升降机连同它的四壁、天花板和地板也都以同样的加速度下落，因此两个物体与地板之间的距离并不改变。而在升降机里面的观察者看来，这两个物体一直停在松手丢开它们的那个地方。里面的观察者可以不考虑引力场，因为场源在他的坐标系外面。他发现升降机内部没有任何力作用于这两个物体，因此它们是静止的，就像在一个惯性坐标系中似的。奇怪的事情在升降机中发生了！如果这位观察者朝任何方向（比如朝上或朝下）推动一个物体，那么只要没有碰到升降机的天花板或地板，这个物体将一直作匀速直线运动。简而言之，对于升降机里面的观察者来说，经典力学的定律是有效的。所有物体都按照惯性定律来运动。这个与自由下落的升降机刚性连接的新坐标系只在一个方面不同于惯性坐标系。在惯性坐标系中，不受任何力作用的运动物体会永远作匀速直线运动。经典物理学中描述的惯性坐标系在空间和时间上都没有限制。而我们升降机中的观察者的情形就不同了，其坐标系的惯性性质在空间和时间上都有限制。这个匀速直线运动的物体迟早会碰到升降机的壁，从而破坏匀速直线运动。整个升降机也迟早会撞到地面，从而破坏里面的观察者及其实验。这个坐标系仅仅是实际惯性坐标系的"袖珍版"罢了。

坐标系的这种局域性很重要。如果想象升降机一端在北极，一端在赤道，而手帕放在北极，表放在赤道，那么在外面的观察者看来，这两个物体不会有相同的加速度，也不会相对于彼此静止。我们的整个论证就失败了！升降机的体积必须有一定的限制，这样才能认为在升降机外面的观察者看来所有物体的加速度都相等。

有了这种限制，这个坐标系在里面的观察者看来就有了一种惯性。我们至少可以指出一个所有物理定律在其中都有效的坐标系，尽管它在时间和空间上受到了限制。如果设想另一个坐标系，即相对这个自由下落的升降机作匀速直线运动的升降机，那么这两个坐标系都将是局域惯性的。在这两个坐标系中，所有定律都完全相同。从一个坐标系到另一个坐标系的过渡由洛伦兹变换给出。

让我们看看升降机内外的两位观察者用什么方式来描述升降机中发生的事情。

外面的观察者注意到了升降机及其内部所有物体的运动，发现它们符合牛顿的引力定律。在他看来，由于地球引力场的作用，此运动不是匀速的，而是加速的。

然而，在升降机内出生和长大的一代物理学家却有完全不同的推理。他们相信自己拥有一个惯性系，会把所有自然定律都与他们的升降机相参照，并且自信地说，在他们的坐标系中，定律都有一种特别简单的形式。他们会自然认为自己的升降机是静止的，其坐标系是惯性的。

升降机内外观察者的分歧是不可能化解的。他们都有权把所有事件与自己的坐标系相参照，两者对事件的描述都能自圆其说。

由这个例子我们可以看到，即使两个坐标系相对于彼此不作匀速直线运动，对其中的物理现象作出一致的描述也是可能的。但要作这样的描述，必须考虑引力，这是从一个坐标系过渡到另一个坐标系的"桥梁"。外面的观察者认为引力场存在，里面的观察者却认为不存在。外面的观察者认为存在着升降机在引力场中的加速运动，里面的观察者却认为升降机是静止的，引力场不存在。然而，使两个坐标系中的描述成为可能的引力场——这座"桥梁"——有一个非常重要的支柱，那就是引力质量等于惯性质量。倘若没有经典力学未曾注意的这条线索，我们现在的论证就会完全失败。

　　现在再讲一个略为不同的理想实验。假定有一个惯性坐标系，惯性定律在其中是有效的。我们已经描述过静止于这样一个惯性坐标系的升降机中发生的事情。现在把图像改变一下，假定有人在升降机外面把一根绳索固定在升降机上，并以恒定的力沿着如图所示的方向牵拉。至于如何做到这些是无关重要的。既然力学定律在这个坐标系中有效，整个升降机将以恒定的加速度沿着运动的方向运动。我们再来听听升降机内外的观察者是如何解释升降机中的现象的。

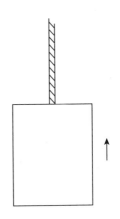

外面的观察者：我的坐标系是一个惯性坐标系。升降机以恒定的加速度运动，这是因为有一个恒定的力在起作用。里面的观察者在作绝对运动，力学定律对他是无效的。他看不出不受力作用的物体是静止的。如果释放一个物体，它很快就会碰在升降机的地板，因为地板在朝着这个物体向上运动。表和手帕也是如此。我觉得很奇怪，升降机里面的观察者必须总在"地板"上，因为他一跳起来，地板就会重新碰到他。

里面的观察者：我看不出有什么理由可以认为我的升降机在作绝对运动。我同意，与我的升降机刚性连接的坐标系其实不是惯性系，但我并不认为它与绝对运动有什么关系。我的表、手帕以及所有物体之所以下落，是因为整个升降机都在引力场中。我和地面上的人观察到的是完全相同的运动。地面上的人对物体下落的解释很简单，那就是引力场的作用。我也是如此。

升降机内外的观察者所作的这两种描述都很能自圆其说，我们无法判定谁是正确的。我们可以采用其中任何一种来描述升降机中的现象：要么按照外面的观察者所主张的，物体作非匀速运动，没有引力场；要么按照里面的观察者所主张的，物体静止，存在引力场。

外面的观察者也许认为升降机在作"绝对的"非匀速直线运动，但一种能被引力场假设取消掉的运动不能被视为绝对运动。

我们也许能找到一种办法从这两种如此不同的描述中走出来，决定支持哪一种，反对哪一种。设想有一束光经由侧面窗户水平地射入升降机，极短时间之后射到对面的墙上。我们再看看这两位观察者如何预言光的路径。

外面的观察者认为升降机在作加速运动，他会说：光线射入窗户之后将沿直线以恒定的速度水平地射向对面的墙。但升降机正在上升，在光朝着墙壁运动的时间里，升降机已经改变了位置。因此，光线射到墙壁上的点不会与入射点截然相对，而会稍微低一点。这个差异将会很小，但总是存在的，于是相对于升降机，光线不是沿直线，而是沿着略为弯曲的曲线行进。这是因为在光线穿过升降机内部期间，升降机已经移动了一段距离。

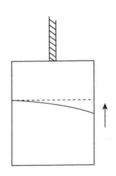

里面的观察者则认为升降机中的一切物体都受到引力场的作用，他会说：不存在升降机的加速运动，只存在引力场的作用。光束没有重量，因此不会受到引力场的影响。如果沿水平方向发射，它将射到与入射点截然相对的那个点上。

从这种讨论来看，似乎可以在这两种相反观点中作出判定，因为两位观察者看到的现象是不同的。如果刚才引述的两种解释并非不合理，那么我们之前的整个论证都会被推翻。我们不能用有引力场和无引力场这两种一致的方式来描述所有现象。

但幸运的是，里面的观察者的推理中有一个严重的错误，它挽救了我们前面的结论。他说"光束没有重量，因此不会受到引力场的影响"，这是不正确的！光束携带着能量，而能量有质量。但任何惯性质量都被引力场所吸引，因为惯性质量和引力质量是等效的。光束在引力场中会弯曲，就像以光速水平抛出的物体会偏折路线一样。倘若里面的观察者推理正确，考虑了光线在引力场中的弯曲，他的结果就会与外面观察者的结果完全一致。

当然，地球的引力场太弱了，以至于无法用实验来直接证明光线在地球引力场中的弯曲。但在日食期间所做的著名实验却决定性地间接证明了引力场对光线路径的影响。

从这些例子中可以看出，提出一种相对论物理学是很有希望和有充分根据的。但为此我们必须先来处理引力问题。

我们从升降机的例子中可以看出这两种描述的一致性。既可以假定非匀速运动，也可以不假定。我们可以通过引力场把"绝对"运动从这些例子中消除。但那样一来，非匀速运动中就没有任何绝对的东西了。引力场能将其彻底消除。

我们可以把绝对运动和惯性坐标系的幽灵从物理学中赶出去，建立一种新的相对论物理学。我们的理想实验表明广义相对论的问题与引力问题是密切相关的，并且显示了引力质量与惯性质量的等效为什么对这种关联至关重要。显然，广义相对论中引力问题的解必定不同于牛顿引力问题的解。和所有自然定律一样，引力定律必须在所有可能的坐标系中都有效，而牛顿提出的经典力学定律只在惯性坐标系中才有效。

12. 几何学与实验

　　我们的下一个例子甚至比下落的升降机的例子还要奇特。我们必须讨论一个新问题，即广义相对论与几何学之间的关联。我们先来描述一个生活着二维生物而非三维生物的世界。电影已经使我们习惯于在二维银幕上表演的二维生物。现在让我们设想银幕上的这些"影人"是实际存在的，他们有思维能力，能够创建自己的科学，二维银幕就是他们的几何空间。这些生物无法具体想象三维空间，就像我们无法想象四维世界一样。他们可以折弯直线，知道圆是什么，但却造不出球体，因为这意味着舍弃了他们的二维银幕。我们的处境也是类似的。我们能把线和面折弯，却很难想象一个折弯的三维空间。

　　通过生活、思考和实验，这些"影人"最终可以精通二维的欧几里得几何学知识。例如，他们可以证明三角形的内角之和等于180度，可以作两个同心圆。他们会发现，这样两个圆的周长之比等于它们的半径之比，这个结果正是欧几里得几何学的典型特征。倘若银幕无限大，这些"影人"会发现，一旦开始笔直前行，他们就永远回不到起点。

　　现在我们设想这些二维生物的生活环境改变了。有人从外面即"第三维"把他们从银幕移到了半径很大的球面上。如果这些"影人"与整个球面相比极小，无法作远距离通信，又不能移动很远，则他们将感觉不到有任何变化。小三角形的内角之和仍然等于180度。两个同心圆的半径之比仍然等于周长之比。

他们沿着直线旅行仍然回不到起点。

但假定这些"影人"渐渐发展出他们的理论知识和技术知识。他们发明了交通工具，能够快速通过遥远的距离。他们将会发现，笔直前行最终还是会回到起点。"笔直前行"意指沿着球体的大圆移动。他们也会发现，两个同心圆的周长之比不等于半径之比。

如果我们的二维生物很保守，而且过去几代学的都是欧几里得几何学（那时他们还不能远行，这种几何学与观测事实相符），那么即使其测量结果有一定误差，他们也肯定会尽一切努力去维护这种几何学。他们可能会尽量用物理学来解释这些不一致，比如寻找一些像温差这样的物理学理由来解释线的变形，从而导致与欧几里得几何学的偏离。但他们迟早会发现，可以用一种更合乎逻辑和更令人信服的方法来描述这些事件。他们终将懂得自己的世界是有限的，其几何学原理与他们学到的有很大区别。他们会知道自己的世界是一个球体的二维表面，尽管无法去想象这一点。他们很快就会学习新的几何学原理，这些原理虽然不同于欧几里得的，但可以针对其二维世界以同样一致和逻辑的方式表述出来。对于学过球面几何学知识的下一代二维生物而言，旧的欧几里得几何学会显得更为复杂和人为，因为它并不符合观察到的事实。

让我们回到我们世界中的三维生物。

说我们的三维空间有一种欧几里得特征，这是什么意思呢？它的意思是，所有得到逻辑证明的欧几里得几何学命题也能用实际的实验加以确证。借助于刚性物体或光线，我们可以构造出与欧几里得几何学的理想化对象相对应的物体。尺子的边缘或一束光都对应于一条线；用刚性细杆构成的三角形的内角之和等于 180 度；用坚韧的金属丝围成的同心圆的半径之比等于其周长之比。以这种方式来解释，欧几里得几何学就成了物理学的一章，尽管是非常简单的一章。

但我们可以设想差异已经被发现了：例如，由刚性量杆构成的大三角形的内角之和不再等于 180 度。由于我们已习惯于用刚性物体来具体表示欧几里得几何学的对象，我们也许应当寻找某种物理的力来解释我们量杆的这种出乎预料的形变。我们应当力求发现这种力的物理性质及其对其他现象的影响。为了挽救欧几里得几何学，我们可以指责物体并非刚性，与欧几里得几何学中的形体并不完全符合。我们应当努力找到更好的物体，其表现与欧几里得几何学所期望的完全一致。然而，倘若我们未能把欧几里得几何学与物理学结合成一幅简单一致的图景，我们就不得不放弃我们的空间是欧几里得空间这一观念，并按照关于我们空间几何性质的更一般假设寻求一种更令人信服的实在图景。

我们可以用一个理想实验来说明这种必要性。这个实验表明，真正的相对论物理学不可能建立在欧几里得几何学的基础上。我们的论点将会蕴含着我们已经了解的关于惯性坐标系和狭义相对论的结果。

设想有一个大圆盘，上面画着两个同心圆，一个很小，另一个很大。圆盘飞快地旋转。圆盘是相对于外面的观察者转动的，圆盘上还有一个观察者。我们进一步假定，外面观察者的坐标系是惯性坐标系，他也可以在自己的惯性坐标系中画出同样一大一小的两个圆，这两个圆在他的坐标系中是静止的，但与旋转圆盘上的圆重合。他的坐标系是惯性的，因此欧几里得几何学在他的坐标系中是有效的，他将发现两圆的周长之比等于半径之比。但圆盘上的观察者发现了什么呢？从经典物理学和狭义相对论的观点来看，他的坐标系是禁用的。但要想为物理定律找到在任何坐标系中都有效的新形式，就必须同样严肃地对待圆盘上和圆盘外的观察者。现在我们从外面注视圆盘上的观察者，看他如何通过测量来查明旋转圆盘上的周长和半径。他和外面的观察者使用的是同样的小量杆。所谓"同样"，要么是指实实在在地相同，就是说它是由外面的观察者递给圆盘上的观察者的；要么是指在一个坐标系中静止时具有相同长度的两根量杆中的一根。

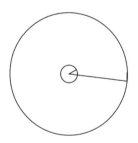

圆盘上的观察者开始在圆盘上测量小圆的半径和周长，他的测量结果必定与外面的观察者完全相同。圆盘的旋转轴通过圆盘的中心，圆盘中心附近的部分速度很小。如果圆足够小，我们就可以放心地使用经典物理学而不必考虑狭义相对论。这意味着，对于圆盘上和外面的观察者来说，量杆的长度是一样的，因此两人的测量结果也将相同。现在圆盘上的观察者又来测量大圆的半径。在外面的观察者看来，放在半径上的量杆在运动。但由于运动方向与量杆垂直，所以这根量杆并不收缩，在两位观察者看来长度相同。于是，对这两位观察者来说，三种测量结果都相同：两个半径和一个小圆周长。而第四种测量却不然！两位观察者测得的大圆周长并不相同。在外面的观察者看来，沿着运动方向放在圆周上的量杆与静止时相比显得收缩了。外圆的速度比内圆大得多，所以必须考虑这种收缩。因此，运用狭义相对论的结果，我们的结论是：两位观察者测出的大圆周长一定是不同的。由于两位观察者测量的四种长度中只有一种是不同的，所以圆盘上的观察者不会像外面的观察者那样认为两半径之比等于两周长之比。这意味着，圆盘上的观察者无法在他的坐标系中确证欧几里得几何学的有效性。

得到这个结果之后，圆盘上的观察者可以说，他不想考虑欧几里得几何学在其中无效的坐标系。欧几里得几何学之所以不成立是因为绝对转动，是因为他的坐标系是坏的和被禁用的。但在以这种方式论证时，他已经拒斥了广义相对论中的主要观念。另一方面，如果我们想拒斥绝对运动，保留广义相对论的观念，就必须把物理学建立在一种比欧几里得几何学更一般的几何学的基础上。只要所有坐标系都可以允许，就无法摆脱这个结局。

广义相对论所带来的变化不能仅限于空间。在狭义相对论中，静止在一个坐标系中的各个钟是同步的，亦即同时指示相同的时刻。那么，非惯性坐标系中的钟会怎样呢？我们还用那个关于圆盘的理想实验。外面的观察者在其惯性坐标系中有许多同步的完美的钟。圆盘上的观察者从中拿出两个，一个放在小的内圆上，另一个放在大的外圆上。内圆上的钟相对于外面的观察者速度很小。于是我们可以放心地断定，它的快慢与圆盘外面的钟相同。但大圆上的钟速度很大，与外面观察者的钟相比快慢变了，因此与放在小圆上的钟相比快慢也变了。于是，两个旋转的钟将会有不同的快慢。运用狭义相对论的结果，我们再次发现在我们的旋转坐标系中做不出类似于惯性坐标系中那样的安排。

为了说明从这个以及前面描述的理想实验中可以得出怎样的结论，我们再次引述相信经典物理学的旧物理学家（"古"）和懂得广义相对论的现代物理学家（"今"）之间的一段对话。旧物理学家是处于惯性坐标系中的外面的观察者，而现代物理学家则是处于旋转圆盘上的观察者。

古：在你的坐标系中，欧几里得几何学是无效的。我观察了你的测量，我承认在你的坐标系中，两个圆的周长之比并不等于半径之比。但这表明你的坐标系是被禁用的。可我的坐标系是惯性的，我可以放心地使用欧几里得几何学。你的圆盘在作绝对运动，从经典物理学的观点来看，它是一个被禁用的坐标系，在其中力学定律是无效的。

今：我不想听任何关于绝对运动的说法。我的坐标系和你的一样好。我看到你相对我的圆盘在旋转。没有人能禁止我把所有运动都与我的圆盘相关联。

古：但你不觉得有一种奇怪的力使你远离圆盘中央吗？假如你的圆盘不是一个快速转动的旋转木马，你所观察到的两种情况就不可能发生。你不会感到有一种力把你向外推，也不会注意到欧几里得几何学在你的坐标系中不能用。这些事实难道不足以让你相信你的坐标系在作绝对运动吗？

今：绝非如此！我当然注意到了你所提到的两个事实，但我认为它们之所以发生，是因为有一个奇特的引力场作用于我的圆盘。指向圆盘外面的这个引力场使我的刚性量杆发生形变，使我的钟改变快慢。在我看来，引力场、非欧几何和不同快慢的钟是密切相关的。采用任何坐标系，我必须同时假定存在着一个适当的引力场及其对刚性量杆和钟的影响。

古：但是，你知道你的广义相对论所引起的困难吗？我想用一个简单的非物理学的例子来澄清我的观点。想象一座理想的美国城市，它由一条条南北街和与之垂直的东西路所组成。街与街的距离、路与路的距离是相同的。如果这些假设得到满足，那么每一个街区都是同样大小。用这种方法很容易描述任一街区的位置。但如果没有欧几里得几何学，这样一种构图是不可能的。例如，我们不能用一个很大的理想美国城市把整个地球覆盖起来。这一点只要看看地球就知道了。但我们也不能用这样一幅"美国城市图"把你的圆盘覆盖起来。你说引力场已经使你的量杆发生了形变。你无法确证关于半径之比等于周长之比的欧几里得定理，这就清楚地表明，如果你把这样一种街道图带到足够远的地方，便迟早会陷入困难，而发现这在你的圆盘上是不可能的。你旋转圆盘上的几何学类似于曲面上的几何学，而在足够大的曲面上，这样的街道图当然是不可能的。再举一个更物理的例子。假定把一个平面的各个部分不规则地加热到不同温度。你能用长度随温度而膨胀的小铁杆作出下面这幅"平行－垂直"图吗？当然不能！你的"引力场"对你的量杆所起的作用和温度改变对小铁杆所起的作用是一样的。

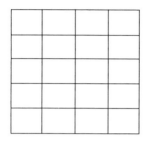

今：所有这些都吓不倒我。需要用街道图来确定点的位置，用钟来确定事件的次序。但城市未必是美国的，它也可以是古代欧洲的。想象你的理想城市是由塑料做成的，然后发生了形变。虽然街道已经不再笔直和等距，但我仍然可以数出街区，认出街道。同样，我们在地球上用经纬度来标明点的位置，尽管不是"美国城市"的构图。

古：但我还是看到一个困难。你不得不用你的"欧洲城市图"。我承认你能确定点或事件的次序，但这种图会把一切距离测量弄乱。它无法像我的图那样给出空间的度规性质。举例来说，我知道在我的美国城市中，要想走十个街区，我必须经过五个街区距离的两倍。我知道所有街区都相等，所以我能立即确定距离。

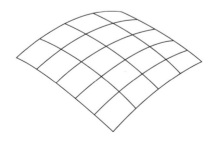

今：你说的不错。在我的"欧洲城市"图中，我无法通过变形街区的数目立即确定距离。我必须知道更多的东西，必须知道我的表面的几何性质。众所周知，同样是从经度0度到10度的距离，在赤道上和在北极附近是不等的。但每一位航海家都知道如何在地球上确定这样两点之间的距离，因为他知道地球的几何性质。他要么根据球面三角学知识来计算，要么把他的船以相同的速度驶过这两段距离，用实验方法来计算。在你的例子中，整个问题很简单，因为所有街和路都是等距的。而在我们的地球上，情况要更为复杂，0度与10度的两条经线在地球两极相遇，在赤道上则相距最远。同样，为了在我的"欧洲城市图"中确定距离，我必须比你在"美国城市图"中多知道一些东西。为了得到这种额外的知识，我可以在每一种特殊情况下研究我的连续区的几何性质。

古：但所有这些都只不过表明，放弃欧几里得几何学的简单结构，启用你决心使用的复杂框架是如何的不便和复杂罢了。难道这真是必需的吗？

今：如果想把物理学应用到任何坐标系，而不是神秘的惯性坐标系，我想这是不可避免的。我承认我的数学工具比你的更复杂，但我的物理假设却更加简单自然。

这个讨论只限于二维连续区。广义相对论中的争论要更为复杂，因为那里不是二维连续区而是四维时—空连续区，但想法与二维情形一样。在广义相对论中，我们不能像在狭义相对论中那样使用由平行和垂直的量杆以及同步的钟所组成的力学框架。在一个任意的坐标系中，我们无法用刚性量杆和同步的钟来确定一个事件发生的地点和时刻，就像在狭义相对论的惯性坐标系中那样。我们仍然可以用非欧几里得的量杆和快慢不同的钟来确定事件。但需要用刚性量杆和完全同步的钟来做的实际测量只能在局域的惯性坐标系中进行。在这种坐标系中，整个狭义相对论都是有效的。但我们的"好"坐标系只是局域的，其惯性受空间和时间的限制。甚至在我们的任意坐标系中，我们也能预见到局域惯性坐标系中的测量结果。但为此我们必须知道我们时－空连续区的几何学特征。

我们的理想实验仅仅指出了新的相对论物理学的一般特征。这些实验表明，我们的基本问题是引力问题。它们还表明，广义相对论进一步推广了时间和空间概念。

13. 广义相对论及其验证

广义相对论试图为所有坐标系提出物理定律。该理论的基本问题是引力问题。自牛顿时代以来，它第一次尝试重新表述引力定律。这真是必需的吗？我们已经了解过牛顿理论的伟大成就以及建立在牛顿引力定律基础上的伟大天文学进展。直至今日，牛顿定律仍然是所有天文学计算的基础。但我们也听说过对于旧理论的一些反驳。牛顿定律只在经典物理学的惯性坐标系中有效，我们还记得，所谓惯性坐标系是指力学定律在其中有效的坐标系。两个质量之间的力与两者之间的距离有关。我们知道，力与距离的关系对于经典变换是不变的。但这个定律并不符合狭义相对论的框架。该距离对于洛伦兹变换并非不变。就像对运动定律一样，我们可以设法把引力定律加以推广，使之符合狭义相对论，或者换句话说，使引力定律的表述对于洛伦兹变换不变，而不是对于经典变换不变。但无论我们如何努力，也无法把牛顿的引力定律简化，把它纳入狭义相对论的框架。即使在这方面取得成功，我们也仍然需要更进一步，从狭义相对论的惯性坐标系迈向广义相对论的任意坐标系。另一方面，关于下落升降机的理想实验清楚地表明，除非解决了引力问题，否则不可能提出广义相对论。由此我们可以看到，为什么引力问题的解决在经典物理学和广义相对论中是不同的。

我们曾试图说明通往广义相对论的道路以及迫使我们再次改变旧观点的理由。我们不去深入广义相对论的形式结构，而只是刻画新的引力理论与旧理论相比有什么特征。根据以上所述，掌握这些差别的实质应当并不困难。

（1）广义相对论的引力方程可以应用于任何坐标系。在某一情形中选择某个特定的坐标系仅仅是出于方便。从理论上讲，所有坐标系都是允许的。如果不考虑引力，我们会自动回到狭义相对论的惯性坐标系。

（2）牛顿的引力定律把此时此地的一个物体的运动与同一时刻远处某一物体的作用联系在一起。此定律已经成为我们整个力学观的一个典范。但力学观崩溃了。在麦克斯韦方程中，我们看到了自然定律的一个新的典范。麦克斯韦方程是结构定律。它们把此时此地发生的事件与稍后附近发生的事件联系起来，是描述电磁场变化的定律。我们新的引力方程也是描述引力场变化的结构定律。扼要地讲，我们可以说：从牛顿的引力定律过

渡到广义相对论，有些类似于从库仑定律的电流体理论过渡到
麦克斯韦理论。

（3）我们的世界并不是欧几里得式的。我们世界的几何本
性由质量及其速度来决定。广义相对论的引力方程试图揭示我
们世界的几何本性。

暂且假定我们已经成功实现了广义相对论的纲领。但我们
的猜想是否有过分脱离实在的危险呢？我们知道，旧理论很好
地解释了天文学观测。是否有可能在新理论与观测之间建起一
座桥梁呢？任何猜想都必须接受实验的检验，任何结果，无论多
么吸引人，倘若不符合事实，都必须拒斥。新的引力理论能否经
受实验检验呢？对于这个问题，我们可以用一句话来回答：旧理
论是新理论的一种特殊的极限情形。如果引力较弱，旧牛顿定律
就会是新引力定律的很好近似。因此，所有支持经典理论的观测
也支持广义相对论。我们从新理论的更高层次上重新获得了旧
理论。

即使我们无法引用额外的观测来支持新理论，即使它的解
释与旧理论不相上下，倘若在两种理论中自由选择，我们也应当
支持新的。从形式上看，新理论的方程要更为复杂，但从基本原
理上看，它却简单得多。绝对时间与惯性系这两个可怕的幽灵已
经消失了。引力质量与惯性质量的等效这一线索也没有被忽视。
关于引力及其与距离的关系，我们无须作任何假设。引力方程有
着结构定律的形式，这是自场论取得伟大成就以来所有物理定
律都必须具有的形式。

由新的引力定律可以引出不包含在牛顿引力定律中的一些

新推论。我们曾经引述过一个推论，即光线在引力场中的弯曲。现在我们要提到另外两个推论。

如果引力较弱时旧定律可以从新定律中推出来，那么只有在引力较强时才能发现与牛顿引力定律的偏差。以我们的太阳系为例，包括地球在内的所有行星都沿着椭圆轨道围绕太阳运转。水星是距离太阳最近的行星。太阳与水星之间的引力要强于太阳与任何其他行星之间的引力，因为水星与太阳的距离较小。倘若有任何希望能够发现与牛顿定律的偏差，最大的机会就是水星。由经典理论可知，水星的运行轨道与任何其他行星是相同类型，只不过它离太阳更近。根据广义相对论，它的运动应该略有不同。水星不仅要围绕太阳运转，它的椭圆轨道也应相对于与太阳相连的坐标系缓慢转动。椭圆轨道的这种转动体现了广义相对论的新效应。新理论还预言了这个效应的大小，水星的椭圆轨道将在 300 万年后完成整个转动。由此可见，这种效应非常之小，距离太阳更远的行星更没有希望发现这个效应。

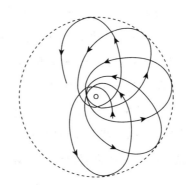

在提出广义相对论之前，人们已经知道水星轨道与椭圆的

偏差，但无法作出解释。另一方面，广义相对论是在完全没有注意到这个特殊问题的情况下而发展起来的。只是后来才从新的引力方程中推出了行星围绕太阳运转的椭圆轨道本身也在转动的结论。就水星而言，理论成功地解释了水星的运动与牛顿定律预言的运动之间的偏离。

但从广义相对论中还可以推出一个结论可与实验进行比较。我们已经看到，放在旋转圆盘大圆上的钟与放在小圆上的钟快慢不同。同样，由相对论可以推出，放在太阳上的钟与放在地球上的钟快慢不同，因为引力场在太阳上比在地球上要强得多。

前面说过，炽热的钠会发出一定波长的单色黄光。在这种辐射中，原子显示了它的一种快慢；可以说，原子代表钟，发射的波长则代表钟的快慢。根据广义相对论，太阳上钠原子发出光的波长应当略长于地球上钠原子发出光的波长。

通过观测来检验广义相对论的推论是一个非常复杂的问题，而且绝没有得到明确无疑的解决。由于我们只关注主要观念，所以不打算作深入讨论，但可以说，迄今为止的实验判决似乎确证了广义相对论的结论。

14. 场与物质

我们已经看到了力学观崩溃的过程和原因。不可能通过假定不变的粒子之间有简单的作用力来解释一切现象。事实证明，我们超越力学观、引入场的概念的最初尝试在电磁现象领域最为成功。电磁场的结构定律得以确立，它们把空间和时间中彼此非常接近的事件联系起来。这些定律符合狭义相对论的框架，因为它们对于洛伦兹变换是不变的。后来，广义相对论提出了引力定律，它们同样是描述物质粒子之间引力场的结构定律。就像广义相对论的引力定律那样，我们同样很容易对麦克斯韦的定律进行推广，使之适用于任何坐标系。

我们有两种实在：**物质和场**。毫无疑问，我们现在不能像19世纪初的物理学家那样想象把整个物理学都建立在物质概念的基础上。我们现在把物质和场这两个概念都接受下来。我们能把物质和场看成两种不同的实在吗？给定一个物质粒子，我们对它可以作这样一种朴素的刻画：该粒子有一个明确的表面，在那里物质不再存在，其引力场也在那里出现。在我们的图景中，场定律有效的区域和物质存在的区域是突然分开的。但区分物质与场的物理标准是什么呢？在了解相对论之前，我们可能会这样来尝试回答这个问题：物质有质量而场没有质量。场代表能量，物质代表质量。但获得更多知识以后，我们已经知道这样的回答是不够的。从相对论中我们得知，物质储藏着大量能量，而能量又代表物质。我们不能以这种方式对物质与场进行定性的区分，因为质量与能量之间的区分并不是定性的。物质之中集中着最大部分的能量，但微粒周围的场也代表能量，尽管量要小得多。因此我们可以说：物质是能量最为集中的地方，场则是能量较少集中的地方。但如果是这样，那么物质与场之间的区别就是定量的而不是定性的。把物质和场看成两种性质完全不同的东西是没有道理的。我们无法想象有一个明确的表面把场与物质截然分开。

电荷和它的场也有同样的困难。我们似乎给不出明显的定性标准来区分物质和场或者电荷和场。

在能量非常集中的地方，或者说在电荷或物质等场源存在的地方，我们的结构定律，即麦克斯韦定律和引力定律就失效了。但我们难道不能对这些方程略作修改，使之到处有效，甚至在能量非常集中的地方也能有效吗？

我们不能仅仅基于物质概念来建立物理学。但在认识到质量与能量等效之后，物质与场的划分就显得有些人为和模糊了。我们能否拒斥物质概念，建立起一种纯粹的场物理学呢？我们感觉到的物质其实只是能量大大集中在一个较小的空间中而已。我们可以把物质看成空间中场特别强的一些区域，由此来创建一种新的哲学背景。其最终目标就是用随时随地都有效的结构定律来解释自然之中的一切事件。从这种观点来看，抛出的石头就是一个变化着的场，在这个场中，场强最大的状态以石头的速度穿过空间。在我们这种新物理学中，场与物质不能都是实在，场是唯一的实在。场物理学取得了伟大的成就，把电、磁和引力的定律成功地表达为结构定律的形式，还有质量与能量的等效，所有这些都暗示了这种新的观点。我们最后的问题便是改变我们的场定律，使之在能量非常集中的地方也不失效。

但迄今为止，我们仍然没有令人信服和前后一致地成功实现这个纲领。究竟能否实现，现在还不好说。目前我们在所有实际的理论构建中仍然要假定两种实在：场与物质。

基本问题仍然摆在我们眼前。我们知道，所有物质都是由少数几种粒子构成的。各式各样的物质是如何由这些基本粒子构成的呢？这些基本粒子与场是如何相互作用的呢？为了寻求这些问题的答案，物理学中又引入了新的观念，即量子理论的观念。

总结：

物理学中出现了一个新的概念——场，这是自牛顿时代以来最重要的发明。对于描述物理现象必不可少的不是电荷，也不是粒子，而是电荷之间与粒子之间的场，这需要很大的科学想象力才能认识到。事实证明，场的概念非常成功，由这个概念引出了描述电磁场结构以及支配电现象和光现象的麦克斯韦方程。

相对论源于场的问题。旧理论的矛盾和不一致迫使我们把新的性质归于时－空连续区，归于我们物理世界中所有事件的舞台。

相对论的发展有两步。第一步产生了所谓的狭义相对论，它只适用于惯性坐标系，即牛顿表述的惯性定律在其中有效的系统。狭义相对论基于两条基本假设：在所有相对作匀速直线运动的坐标系中物理定律都相同；光速总有相同的值。由这些已被实验充分确证的假设可以推出，运动量杆的长度以及钟的快慢随速度而改变。相对论改变了力学定律。如果运动粒子的速度接近光速，旧的定律就失效了。实验出色地确证了相对论为运动物体重新提出的定律。（狭义）相对论的另一个推论便是质能关系。质量是能量，能量有质量。相对论把质量守恒定律与能量守恒定律结合成一个质－能守恒定律。

广义相对论对时－空连续区作了更深入的分析，其有效性不再局限于惯性坐标系。它处理了引力问题，为引力场提出了新的结构定律。广义相对论迫使我们分析几何学对于描述物理世界的作用。它把引力质量与惯性质量的相等看得至关重要，而不像经典力学那样把它看成纯粹偶然。广义相对论的实验结果与经典力学的结果只有略微不同。只要是有可能进行比较的地方，它都经受住了实验的检验。然而，广义相对论的长处在于它内在的一致性和基本假设的简单性。

相对论强调了场的概念在物理学中的重要性，但我们尚不能成功地提出一种纯粹的场物理学。目前我们仍然要假定场和物质都存在。

第四章　量子

1. 连续性、不连续性

我们面前摆着一张纽约和周边地区的地图。我们问：地图上的哪些地点可以坐火车抵达？在火车时刻表上查出这些地点之后，我们在地图上作出标记。现在我们改变一下问题：哪些地点可以坐汽车抵达？如果在地图上画出从纽约出发的所有公路，那么这些路上的每一点都可以坐汽车抵达。在这两种情况下，我们都得到了一些点。在第一种情况下，这些点是彼此分开的，代表不同的火车站；而在第二种情况下，这些点都在代表公路的沿线上。我们的下一个问题涉及从其中每一点到纽约（或者更严格地说是从这座城市的某一地点）的距离。在第一种情况下，地图上各点对应于某些特定的数。这些数的变化虽然不规则，但总是有限的和跳跃式的。我们说：可以坐火车抵达的地点与纽约之间的那些距离只能以**不连续的**方式变化，而可以坐汽车抵达的地点与纽约之间的那些距离却能以任意小的步子变化，即以**连续的**方式变化。坐汽车时的距离变化可以任意小，坐火车时却不行。

煤矿的产量也可以连续变化。生产出来的煤可以增加或减少任意小的量。但矿工的数目却只能不连续地改变。说"从昨天起矿工的数目增加了 3.783 个"是毫无意义的。

如果问一个人口袋里有多少钱，他说出的数只能包含两位小数。钱的总数只能以不连续的方式跳跃性地变化。美元所允许的最小变化，或者我们所说的美国货币的"基本量子"是 1 分。英国货币的基本量子是 1 法寻（farthing），它只值美国基本量子的一半。这里我们有了两种基本量子，它们的价值可以相互比较。其价值之比有着明确的意义，因为其中一个的价值是另一个的两倍。

因此，某些量可以连续地变化，另一些量则只能通过不能进一步减小的步子不连续地变化。这些不可分的步子被称为这种量的**基本量子**。

在称量大量沙子的时候，我们可以把它的质量看成连续的，尽管它有明显的颗粒结构。但如果沙子变得非常昂贵，而且所用的秤非常灵敏，我们就不得不考虑沙子的质量变化总是一个颗粒质量的倍数。这一个颗粒的质量就是我们所说的基本量子。从这个例子可以看出，通过增加测量的精密度，以前认为连续的量也可以显示出不连续性。

如果要用一句话来说明量子理论的主要观念，那就是：**必须假定以前认为连续的某些物理量是由基本量子组成的。**

量子理论涵盖的事实范围极广，高度发达的现代实验技术已经揭示了这些事实。由于我们既不能演示又不能描述哪怕最基本的实验，而目的只是解释最重要的基本观念，所以我们将常常直接引述其结果而不加说明。

2. 物质和电的基本量子

在运动论所描绘的物质图像中，所有元素都是由分子构成的。我们以最轻的元素——氢作为最简单的例子。前面说过，通过研究布朗运动，我们可以确定出一个氢分子的质量。它的值是：

$$3.3 \times 10^{-24} \text{克}。$$

这意味着质量是不连续的。一份氢的质量只能按照一个氢分子质量的整数倍来变化。但化学过程表明，氢分子可以分成两部分，或者说，氢分子是由两个原子组成的。在化学过程中，扮演基本量子角色的是原子，而不是分子。把上面的数除以 2，就得到了氢原子的质量，它近似等于：

$$1.7 \times 10^{-24} \text{克}$$

质量是一个不连续的量。但在确定重量时，我们当然不必考虑这一点。即使是最灵敏的秤，其精密度也远远达不到能够检测出质量不连续变化的程度。

让我们回到一个熟知的事实。连接导线和电源，电流就由导线从高电势流向低电势。我们还记得，很多实验事实都是用电流体流经导线这一简单理论来解释的。我们也记得，究竟是正流体从高电势流向低电势，还是负流体从低电势流向高电势，这仅仅是习惯问题。我们暂且不管由场的概念引出的所有进展。即使是以电流体这样的简单术语进行思考，也仍然有一些问题需要解决。正如"流体"一词所暗示的，电最早被看成一种连续量。按照这种旧看法，电荷的量可以按照任意小的步子变化，而不必假定基本的电量子。物质运动论的成就引出了一个新问题：电流体是否存在基本量子？还有一个需要解决的问题是：电流是正电流体的流动，还是负电流体的流动，还是兼而有之？

回答这个问题的所有实验的想法都是强行使电流体离开导线，让它流经真空，剥夺它与物质的任何联系，然后研究它的属性。在这些条件下，这些属性必定显示得非常清楚。在19世纪末，人们做了许多这类实验。在解释这些实验的想法之前，我们先至少引述一个例子的结果。流经导线的电流体是负的，因此其流动方向是从低电势到高电势。倘若在初创电流体理论时就知道这一点，我们一定会颠倒一下顺序，把橡胶棒带的电称为正电，把玻璃棒带的电称为负电。这样把流经导线的电流体看成正的就更方便了。但由于我们最早的猜想就错了，所以现在只能忍受这种不便。下一个重要问题是，这种负的电流体是不是"颗粒状的"，它是否由电量子所组成。同样有一些独立的实验表明，这种负电的基本量子无疑是存在的。负的电流体由颗粒构成，就像海滩由沙粒构成，房子由砖块砌成一样。大约四十年前，汤姆孙（J.J.Thomson）已经非常清晰地提出了这个结果。负电的基本量子被称为电子，因此任何负电荷都是由大量以电子为代表的基本电荷组成的。和质量一样，负电荷只能不连续地变化。但基本电荷非常小，在很多研究中不仅可以把电荷看成连续的，有时甚至还更方便。就这样，原子论和电子理论在科学中引入了只能作跳跃变化的不连续的物理量。

假定将两块金属板平行放置，抽取其周围的空气。一块板带正电，另一块板带负电。若把一个带正电的检验电荷放在两块金属板之间，它将被带正电的板排斥，被带负电的板吸引。于是，电场的力线将从带正电的板指向带负电的板。作用于带负电的检验体上的力，方向将会相反。倘若金属板足够大，则两板之间的电力线密度将会处处相等。无论把检验体放在哪里，这个力的大小和力线的密度都相等。置于两板之间的电子会像地球引力场中的雨滴一样，彼此平行地从带负电的板移向带正电的板。有许多著名实验可以把大量电子置于这样一个场中，它将使所有电子都指向同一方向。最简单的方法之一就是把一根炽热的导线放在带电金属板之间。炽热的导线发射出电子，此后电子受到外场力线的指引。例如，我们熟知的无线电管就是基于这个原理。

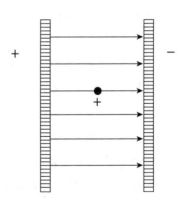

人们针对电子束做了许多非常巧妙的实验，研究了它们在不同外电场和外磁场中的路径改变，甚至可以孤立出单个电子，确定它的基本电荷和质量（即电子对外力作用的惯性抵抗）。这

里我们只给出电子质量的数值，约为氢原子质量的1/2000。因此，氢原子的质量虽然很小，但与电子质量相比就显得很大了。从场论的观点来看，电子的全部质量（即全部能量）就是它的场的能量；场强的主要部分在一个很小的球体内，远离电子"中心"的地方场强就弱了。

我们曾说，任何元素的原子就是它最小的基本量子。长期以来，人们一直相信这种说法。但现在我们不再相信了！科学已经形成了新的看法，显示了旧观点的局限性。在物理学中，几乎没有什么说法能比原子有复杂结构更有牢固的事实基础了。首先人们认识到，电子——负电流体的基本量子——也是原子的组分之一，是构成所有物质的一种基本砖块。从物质中取出电子有无数个例子，前面引述的炽热导线发射电子的例子仅仅是其中一个。大量独立的实验事实都表明了这个结果，它把物质结构问题与电的结构问题紧密地联系起来。

从原子中取出几个电子并不困难。可以用加热的办法，比如我们炽热导线的例子；也可以用别的方法，比如用其他电子来轰击原子。

假如把一根炽热的细金属丝插入稀薄的氢气，金属丝会朝四面八方发射电子。在外电场的作用下，电子会获得一定的速度。电子的加速就像在引力场中下落的石头加速一样。通过这种方法可以获得以一定方向和速度运动的电子束。今天，我们用很强的场作用于电子，可以使电子的速度接近光速。那么，当具有一定速度的电子束打到稀薄的氢分子上时，会发生什么呢？足够快的电子不仅会使氢分子分裂成两个氢原子，还可以从其中一个原子中取出一个电子。

如果承认电子是物质的组分，那么被打出电子的原子就不可能是电中性的。如果它以前是中性的，那它现在就不可能是中性的，因为它少了一个基本电荷。余下的部分必定有一个正电荷。不仅如此，由于电子的质量远小于最轻原子的质量，我们可以放心地断言：占据原子绝大部分质量的并不是电子，而是比电子重得多的其余的基本粒子。我们把原子的这个重的部分称为**原子核**。

现代实验物理学方法已经能够打破原子核，把一种元素的原子变成另一种元素的原子，以及从原子核中打出重的基本粒子。从实验的观点来看，这个被称为"核物理学"的物理学分支是最有意思的，卢瑟福（Rutherford）对它贡献甚大。但目前仍然缺少一种能把核物理学领域的种种事实联系起来的拥有简单基本观念的理论。由于本书只关注一般的物理观念，所以尽管这个分支在现代物理学中非常重要，我们还是将其略去。

3. 光量子

考虑海边的一座堤岸。海浪不断冲击堤岸，每一次都会把它的表面冲刷掉一些，然后退去，下一个波浪再打上来，遂使堤岸的质量逐渐减小。我们可以问，一年当中会冲刷掉多少质量。再想象另一个过程，我们想用不同的方式使堤岸失去同样的质量。我们朝堤岸射击，子弹射到的地方就会碎裂，堤岸的质量因此减小。我们完全可以设想，在这两种情况下质量的减小完全相等。

但由堤岸的外观很容易查明冲击堤岸的是连续的海浪还是不连续的弹雨。为了理解接下来所要描述的现象，我们不妨记住海浪与弹雨的区别。

我们曾经说过，炽热的导线会发射电子。现在我们介绍另一种从金属中取出电子的方法。把某种波长的单色光（例如紫光）照射到金属表面上，就会把电子从金属中打出来。大量电子从金属中被分离出来，以一定的速度移动。根据能量守恒定律，我们可以说：一部分光能转化为被打出电子的动能。凭借现代实验技术，我们已经能够对这些电子"子弹"进行记录，测定出它们的速度和能量。这种用光照射金属打出电子的现象被称为**光电效应**。

我们的出发点是一定强度的单色光波的作用。和在所有实验中一样，我们现在要改变一下实验安排，看看这是否会影响观察到的效应。

首先，我们改变照射在金属面上的紫色单色光的强度，注意发射出的电子的能量在多大程度上依赖于光的强度。让我们试着通过推理而不是实验来寻找答案。我们可以这样推理：在光电效应中，一部分辐射能转变为电子的动能。如果用同一波长但强度更强的光源发出的光来照射金属，那么发射出的电子的能量就应该更大，因为此时辐射的能量更大了。因此我们预计：如果光的强度增大，那么发射出的电子的速度也应增大。但实验却和我们的预言相反。我们再次看到，自然定律和我们的意愿相左。我们碰到了一个实验，它与我们的预言相矛盾，从而推翻了这些预言所依据的理论。从波动说的观点来看，实验结果令人惊讶。所有观察到的电子都有相同的速度和能量，而且当光的强度增加时，它们的速度和能量并不随之改变。

波动说不可能预言这个实验结果。旧理论与实验之间的冲突再次引出了一种新理论。

让我们故意不公正地对待光的波动说，忘记其巨大成就，忘记它对光绕过障碍物所作出的出色解释。我们把注意力集中在光电效应上，要求波动说对这个效应作出恰当解释。显然，由波动说无法推出光从金属板中打出电子的能量与光的强度无关，我们必须尝试其他理论。我们还记得，牛顿的微粒说能够解释光的许多现象，却无法解释我们现在有意不去考虑的光的绕行。在牛顿时代还没有能量概念。根据牛顿的说法，光微粒是没有重量的。每一种颜色都保持着它自己的本质特性。后来，能量概念建立起来，人们认识到光是有能量的，但没有人想到要把这些概念应用于光的微粒说。牛顿的理论死去之后，直到我们这个世纪还没有人认真考虑过它的复活。

为了保持牛顿理论的主要观念，我们必须假设单色光由能量颗粒（energy-grains）所组成，并且用光量子（我们称之为**光子**）来代替旧的光微粒。光子是一小部分能量，以光速穿过空间。以这种新的形式复活的牛顿理论引出了**光量子理论**。不仅物质和电荷有颗粒结构，辐射的能量也有颗粒结构，亦即由光量子所构成。除了物质的量子和电的量子，还有能量的量子。

为了解释某些比光电效应复杂得多的现象，普朗克（Planck）在20世纪初第一次引入了能量量子的观念。但光电效应最为清晰和简单地表明，我们的旧概念必须改变。

我们立刻会看到，这种光量子理论解释了光电效应。一束光子射到金属板上。这里辐射与物质的相互作用由许多单个过程所组成，在这些过程中，光子撞击原子，把电子打了出来。这些单个过程都很相似，在每一种情况下，打击出来的电子都有相同的能量。我们也可以理解，用我们的新语言来说，增加光的强度就意味着增加射到金属板上的光子的数目。在这种情况下，金属板中会有更多的电子被打出来，但任何一个电子的能量并不改变。于是我们看到，这种理论与观测结果完全一致。

把另一种颜色的单色光束（比如用红光而不是紫光）射到金属面上，会发生什么情况呢？让我们用实验来回答这个问题。测出用红光打出的电子的能量，并与紫光打出的电子的能量进行比较。事实证明，红光打出的电子的能量要更小。这意味着不同颜色的光子能量也不同。红光光子的能量是紫光光子的一半。或者更严格地说，单色光的光量子能量与波长成反比。能量子与电量子之间存在着一个重要区别。每一种波长有不同的光量子，而电量子却总是相同的。如果使用以前的一个类比，我们可以把光量子比作最小的货币量子，而每一个国家的最小货币量子是不同的。

让我们继续抛弃光的波动说而假定光有颗粒结构，光由光量子（即以光速穿过空间的光子）所构成。于是在我们的新图景中，光就是光子雨，光子是光能的基本量子。但如果抛弃波动说，波长概念也就消失了。什么新概念能够取代它呢？光量子的能量！同一种说法既可以用波动说的术语来表达，也可以用量子辐射理论的术语来表达。例如：

<table>
<tr><td>波动说的术语</td><td>量子理论的术语</td></tr>
</table>

　　波动说的术语　　　　　　　量子理论的术语

　　单色光有一定的波长。　　　单色光包含着一定能量
光谱中红端的波长是紫端　　的光子。光谱中红端光子的
波长的二倍。　　　　　　　　能量是紫端光子能量的一半。

　　这种事态可以总结如下：有一些现象可以用量子理论来解释，但不能用波动说来解释，光电效应等现象就是这样的例子；还有一些现象可以用波动说来解释，但不能用量子理论来解释，光会绕过障碍物就是一个典型的例子；还有一些现象既可以用量子理论又可以用波动说来解释，比如光的直线传播。

　　光究竟是什么东西？是波，还是光子雨？我们以前也曾提出过类似的问题：光到底是波还是微粒？那时我们有充分的理由抛弃光的微粒说，而接受解释了所有现象的波动说。但现在问题要复杂得多。仅从这两种可能的语言中选出一种，似乎无法对光的现象作出一致的描述。我们似乎有时得用这种理论，有时要用那种理论，有时又得两种理论兼而用之。我们面临着一种新的困境。目前有两种相互矛盾的实在图景，其中任何一个都不能完整解释光的现象，但合在一起就可以了！

　　如何才能把这两种图景结合起来呢？如何来理解光的这两个截然不同的方面？解释这个新的困难绝非易事。我们再次碰到了一个根本问题。

　　我们暂且接受光的光子理论，尝试借助于它来理解此前一直用波动说解释的那些事实。我们将以这种方式来强调使两种

理论初看起来显得无法调和的那些困难。

我们还记得，一束单色光穿过针孔会形成亮环和暗环。倘若抛弃波动说，如何借助光量子理论来理解这个现象呢？我们可以期望，如果光子穿过了针孔，屏幕会亮；如果没有穿过，屏幕会暗。但事实并非如此，我们看到了亮环和暗环。我们可以尝试这样来解释：也许针孔边缘与光子之间存在着某种相互作用，因此出现了衍射环。当然，这句话很难被当作一种解释。它最多只是概述了一种解释纲领，使我们还能保有一丝希望，或许将来可以通过物质与光子的相互作用来理解衍射。

但即便是这一丝希望也被我们之前讨论的另一种实验安排粉碎了。假定有单色光穿过两个既定小孔，在屏幕上显示出亮带和暗带。如何从光量子理论的观点来理解这个结果呢？我们可以这样论证：一个光子穿过了两个小孔中的某一个。如果单色光的光子是光的基本粒子，我们就很难想象它可以分别通过两个小孔了。那样一来，结果就应当和单孔时完全相同，即产生亮环和暗环，而不是亮带和暗带。那么，另一个小孔的存在是如何把结果彻底改变的呢？似乎是光子并未通过的这个小孔把环变成了带，即使它可能在相当远的地方。如果光子像经典物理学中的微粒一样行为，则它必定会穿过两个小孔之中的一个。但这样一来，衍射现象似乎就完全不可理解了。

科学迫使我们创建新的观念和理论，以拆除那些常常阻碍科学进步的矛盾之墙。所有重要的科学观念都是在我们的努力理解与现实存在之间发生剧烈冲突时诞生的。这里的问题同样需要新的原理来解决。在讨论现代物理学对光的量子观与波动观之间矛盾的解释之前，我们即将表明，对物质量子的讨论也出现了与光量子同样的困难。

4. 光谱

我们已经知道，所有物质都是由少数几种粒子构成的。电子是最早被发现的物质基本粒子，但电子也是负电的基本量子。我们还了解到，一些现象迫使我们假定光是由基本的光量子组成的，波长不同，光量子也不同。现在我们先来讨论一些物理现象，在这些现象中，辐射和物质都起着重要作用。

棱镜可以把太阳发出的辐射分解成它的各个组分，这样便得到了太阳的连续光谱。可见光谱两端之间的每一个波长在这里都有显示。我们再举一个例子。前已提到，炽热的钠发射出某种波长的单色光。若把炽热的钠置于棱镜前，我们只会看到一条黄线。一般来说，若把辐射体置于棱镜前，它所辐射的光会被分解成各个组分，显示出发射体的特征光谱。在充有气体的管中放电，会产生类似于广告用霓虹灯那样的光源。假定把这样一个管子置于分光镜前。分光镜的作用类似于棱镜，但更为精确和灵敏，它把光分解成各个组分，也就是对光进行分析。透过分光镜来看太阳光会得出一个连续光谱，所有波长都显示于其中。然而，如果光源是一种有电流通过的气体，光谱的性质就不同了。它不再是连续多色的太阳光谱，而是在连续的黑暗背景上出现了彼此分离的亮带。狭窄的各个亮带对应于各个特定的颜色，或者用波动说的语言来讲，对应于各个特定的波长。例如，倘若光谱中可以看到20条谱线，那么表示波长的20个数值将分别对应于每一条谱线。不同元素的蒸汽具有不同的线系，因此不同的数值组合对应于发射光谱的各个波长。任何两种元素的特征光谱都不会有完全相同的线系，就像任何两个人都不会有完全相同的指纹一样。随着物理学家把这些谱线编成目录，其中存在的一些规律也渐渐浮现出来，可以用一个简单的数学公式来代替表示各种波长的那几列看似无关的数值。

以上所述都可以用光子语言来表达。每一条谱线对应于某种特定的波长，或者说对应于具有特定能量的光子。因此，发光气体并不发射具有一切可能能量的光子，而只发射这种物质所特有的那些光子。实在再次对丰富的可能性作了限制。

某种元素（比如氢）的原子只能发射具有特定能量的光子，也只有特定能量的光了才能被发射，其余都是被禁止的。为简单起见，设想某种元素只发出一条谱线，也就是只发射某种特定能量的光子。发射光子之前，原子的能量较高，发射后较低。根据能量守恒原理，发射前原子的**能级**一定较高，发射后一定较低，两个能级之差必定等于出射光子的能量。因此，某种元素的原子只发射特定波长的辐射（即只发射具有特定能量的光子），这种说法可以用不同方式来表达：某种元素的原子只允许有两个能级，光子的发射对应于原子从高能级向低能级的跃迁。

一般来说，元素光谱中的谱线不止一条。发射出来的光子对应于多种能量而不是一种。或者说，我们必须假定原子内部允许有多个能级，光子的发射对应于原子从较高能级跃迁到较低能级。但重要的是，并非每一个能级都被允许，因为并不是所有波长或光子能量都会出现在元素光谱中。我们现在不说某些特定的谱线或波长属于每一种原子的光谱,而说每一种原子都有某些特定的能级,光量子的发射与原子从一个能级向另一个能级跃迁有关。一般来说,能级是不连续的。我们再次看到,实在对可能性作了限制。

是玻尔(Bohr)第一次表明为什么光谱中出现的恰好是这些谱线而不是其他谱线。他于 25 年前提出的理论描绘出一幅原子的图像。根据这种理论,至少在简单情况下,元素光谱可以计算出来。在此解释之下,表面上看来枯燥而又不相关的数值忽然变得融贯了。

玻尔的理论是通往一种更深刻、更一般的理论的中间步骤,这个理论被称为波动力学或量子力学。接下来,本书要表明这个理论的主要观念。在此之前,我们先谈一个更为特殊也更具理论性的实验结果。

我们的可见光谱从紫色的某一波长开始,以红色的某一波长结束。或者换句话说,可见光谱中的光子能量总是介于紫光和红光的光子能量之间。当然,这种限制只是人眼的一种特性。某些能级的能量差异如果足够大,就会发射出一种**紫外**光子,在可见光谱之外形成一条谱线。肉眼发现不了它的存在,必须使用照相底片。

X– 射线也是由能量比可见光大得多的光子构成的,换句话说,X– 射线的波长要比可见光的波长短得多,事实上要短数千倍。

但能否用实验来测定这么小的波长呢? 对于普通光来说,

这已经很难了。现在，我们必须有更小的障碍物或孔隙。显示普通光的衍射需要两个非常靠近的针孔，而要想显示 X- 射线的衍射，这两个小孔必须再小数千倍，靠近数千倍。

那么，我们如何才能测量这些射线的波长呢？自然本身提供了帮助。

晶体是原子的一个聚集体，这些原子彼此相距很近，而且排列得非常规则。下图是一个简单的晶体结构模型。我们用排列非常紧密且极有秩序的元素原子所形成的障碍物来代替极小的孔隙。根据晶体结构理论，我们发现原子之间的距离已经足够小，可以将 X- 射线的衍射效应显示出来。实验已经证明，的确可以用晶体中这些规则地三维排列的密堆障碍物来使 X- 射线波发生衍射。

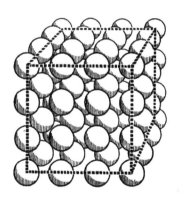

假定有一束 X- 射线射到晶体上。穿过晶体之后，射线被记录在照相底片上，显示出衍射图样。人们已经用各种方法研究了 X- 射线光谱，并从衍射图样中导出了与波长有关的数据。倘若详细交代理论和实验方面的所有细节，这里所说的几句话非得写成厚厚几本书不可。在附图Ⅲ中，我们只给出了用其中一种方法所得到的衍射图样。我们再次看到了波动说所特有的暗环和亮环，中心处可以看到未被衍射的光线。如果不把晶体放在 X-射线与照相底片之间，照片中心就只能看到光斑。由这类照片可以计算出 X- 射线光谱的波长，另一方面，如果波长已知，也可以得出关于晶体结构的结论。

5. 物质波

　　元素光谱中只出现某些特征性的波长，这个事实我们如何来理解呢？

　　在看似无关的现象之间建立一种一致的类比往往会在物理学中引出重要进展。在本书中我们也常常看到，在某一科学分支中创建和发展起来的概念后来被成功地应用于其他分支。力学观和场论的发展给出了很多这样的例子。将已解决和未解决的问题联系起来，也许可以通过暗示新的想法来帮助我们解决困难。肤浅的类比并不难找，但其实并不说明什么。外在差异背后隐藏着某些共同的关键特征，发现这些特征，并且在此基础上建立成功的理论，这才是重要的创造性工作。15 年前，德布罗意（de Broglie）和薛定谔（Schrödinger）初创了所谓的波动力学，它的发展就是通过深刻而幸运的类比而得出一种成功理论的典型例子。

　　我们的出发点是一个与现代物理学毫不相干的经典例子。我们握住一根极长的弹性橡皮管（或极长的弹簧）的一端，有

节奏地上下摆动, 使末端发生振动。就像我们在其他许多例子中
看到的那样, 振动产生了波, 这种波以一定的速度经由橡皮管传
播。假定橡皮管无限长, 那么波的各个部分一旦启动, 就会毫无
干扰地踏上无止境的旅程。

再看另一个例子。把这根橡皮管的两端固定起来。如果愿意,
你也可以用提琴的弦。现在, 假定在橡皮管或琴弦的一端产生了
一个波, 将会发生什么呢? 和前面的例子一样, 波开启了它的旅
程, 但很快就被管子的另一端反射回来。现在我们有两个波, 一
个是由振动产生的, 另一个则是由反射产生的, 它们沿着相反的
方向行进, 并且互相干涉。不难发现, 两个波的干涉叠加会产生
一种所谓的**驻波**。"驻"和"波"两个字的含义似乎是相互矛盾的,
然而, 两个波的叠加结果表明把这两个字组合起来是有道理的。

如图所示, 最简单的驻波例子便是两端固定的弦的上下运
动。两个波沿相反方向行进时, 一个波压在另一个波之上, 便会
产生这种运动。其典型特征是只有两个端点保持静止。这两个
端点被称为波节。可以说, 波就驻在两个波节之间, 弦上各点同
时达到偏移量的最大值和最小值。

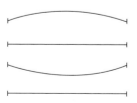

　　但这只是最简单的驻波，此外还有其他形式。例如，有一种驻波可以有三个波节，中间一个，两端各一。于此情况下，这三点永远保持静止。如图所示，它的波长是上图中有两个波节的波长的一半。同样，驻波可以有四个、五个甚至更多的波节。在每一种情况下，波长都与波节的数目有关。这个数目只能是整数，而且只能跳跃式地变化。"驻波波节的数目是 3.576" 这句话是没有意义的。因此，波长只能不连续地变化。在这个非常经典的问题中，我们看到了量子理论的熟悉特征。事实上，小提琴手所产生的驻波要更为复杂，它是有两个、三个、四个、五个甚至更多波节的许多波的混合，因此是若干波长的混合。物理学可以把这样一种混合体分解成它的简单驻波。或者用我们以前的术语来说，振动的弦就像一种发出辐射的元素，也有自己的谱。和元素的光谱一样，它也只能有某些特定的波长，所有其他波长都是不允许的。

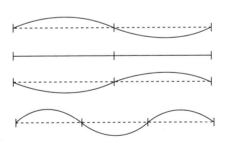

　　就这样，我们发现了振动弦与发出辐射的原子之间的一些相似性。这个类比看起来也许有些奇特，但既然已经选定，我们还是尽可能地从中引出进一步的结论。每一种元素的原子都是由基本粒子构成的，较重的粒子构成原子核，较轻的粒子就是电子。这样一个粒子系统会像产生驻波的小乐器一样行为。

然而，驻波是两个或更多个行波发生干涉的结果。倘若我们的类比不无道理，那么正在传播的波所对应的安排就应当比原子更简单。什么是最简单的安排呢？在我们的物质世界中，没有什么能比一个不受任何力的作用的电子更简单了，既然不受任何力的作用，这个电子处于静止或者作匀速直线运动。我们可以在这个类比的链条中再猜出一环：匀速直线运动的电子→具有一定波长的波。这就是德布罗意大胆的新观念。

前已表明，在某些现象中光显示出波性而在另一些现象中光显示出微粒性。如果已经习惯于光是一种波，我们就会惊讶地发现，光在某些情况下（例如在光电效应中）的行为就像一阵光子雨。而现在对于电子，情况正好相反。我们已经习惯于把电子看成粒子，看成电和物质的基本量子，其电荷和质量也已经得到研究。倘若德布罗意的想法不无道理，物质就必定会在一些现象中显示出波性。初看起来，这个经由声学类比而得出的结论显得奇怪而难以理解。运动微粒怎么可能和波有关呢？但我们已经不是第一次在物理学中碰到这种困难了。研究光的现象时，我们也遇到过同样的问题。

在创建物理理论的过程中，基本观念起着最为关键的作用。物理书中充满了复杂的数学公式，但任何物理理论的开端都是思想和观念，而不是公式。后来观念必须采用一种定量理论的数学形式，使之能与实验相比较。这可以用我们正在讨论的这个问题来说明。主要猜想是，匀速运动的电子在某些现象中的行为与波类似。假定一个或一群电子在匀速运动，它们都有相同的速度，单个电子的质量、电荷和速度均为已知。如果希望以某种方式把波的概念与匀速运动的电子联系起来，就必须问下一个问题：波长是多少？这是一个定量的问题，必须建立一种带有定量性质的理论来回答它。其实这个问题很简单。德布罗意的工作给出了回答，它在数学上惊人地简单。与他的工作相比，其他物理理论的数学技巧要深奥和复杂得多。处理物质波问题的数学极为简单和初等，但基本观念却深刻而广泛。

我们在讨论光波和光子时曾指出，任何用波的语言表达的陈述都可以翻译成光子或光微粒的语言。电子波也是如此。用微粒语言来表达匀速运动的电子，我们都很熟悉了。但是和光子的情况一样，任何用微粒语言表达的陈述都可以翻译成波的语言。有两条线索确定了翻译规则。一条线索是光波与电子波的类比，或者光子与电子的类比。我们试图把同一种翻译方法既用于光，又用于物质。狭义相对论提供了另一条线索。自然定律必须对于洛伦兹变换不变，而不是对于经典变换不变。这两条线索合在一起便确定了对应于运动电子的波长。例如，一个电子以10000英里每秒的速度运动，其波长很容易计算出来，它与 X-射线的波长处于同一区域。由此我们进一步断言，如果物质的波性可以检测出来，那么应当使用与检测 X-射线类似的实验方法。

想象有一束电子以给定的速度作匀速运动（或者用波的术语来说，有一个同质的电子波），射到起衍射光栅作用的极薄的晶体上。晶体中衍射障碍物之间的距离很小，可以使 X-射线发生衍射。我们预计，波长与 X-射线同量级的电子波也会产生类似的效应。照相底片可以把电子波通过晶体薄层的这种衍射记录下来。实验的确给出了该理论的一项无可怀疑的伟大成就，即电子波的衍射现象。比较一下附图Ⅲ中的图样就会看到，电子波衍射与X–射线衍射之间的相似性非常明显。我们知道，这些图可以用来确定X–射线的波长，对于电子波来说也是如此。衍射图样给出了物质波的波长，理论与实验在量上完全一致，这出色地确证了我们的推理链条。

这个结果拓宽且加深了我们之前遇到的困难。为了说明这一点，我们可以举一个与讨论光波相类似的例子。一个电子射到一个很小的小孔上时会像光波一样偏转，照相底片会显示光环与暗环。用电子与小孔边缘的相互作用来解释这种现象也许有一线希望，尽管这种解释似乎并不能让人信服。但两个小孔的情况又如何呢？此时出现的是带而不是环。另一个小孔的存在如何可能把结果完全改变呢？电子是不可分的，似乎只能穿过两个小孔当中的一个。电子在穿过一个小孔时怎么会知道一段距离以外还有一个小孔呢？

我们之前问过：光是什么？它是微粒还是波？现在我们要问：物质是什么？电子是什么？它是粒子还是波？在外电场或外磁场中运动时，电子的行为就像粒子，但在被晶体衍射时，其行为又像波。对于物质的基本量子，我们又碰到了讨论光量子时碰到的那个困难。最近的科学进展所引出的一个基本问题就是如何把关于物质和波的两种矛盾看法调和起来。这是最基本的困难之一，一旦明确表述，就必定会使科学进步。物理学正努力解决这个问题。至于现代物理学所提出的解决方案是暂时的还是持久的，时间会作出判断。

6. 几率波

根据经典力学，如果我们知道某个质点的位置和速度以及它所受的外力，就可以通过力学定律预言它未来的整个路径。在经典力学中，"质点在某一时刻有某个位置和速度"这句话有着明确的意义。倘若这句话失去了意义，我们关于预言未来路径的论证就失败了。

19世纪初，科学家希望把整个物理学都归结为作用在质点上的简单的力，这些质点在任一时刻具有明确的位置和速度。我们回想一下起初讨论力学问题时是如何描述运动的。我们沿一条明确的路径画出许多点，表示物体在某些时刻的精确位置，然后画出切线矢量，表示速度的大小和方向。这种方法既简单又令人信服，但对于物质的基本量子（电子）或能量的量子（光子）就不能原样照搬了。我们不能按照经典力学对运动的想象来描述光子或电子的路径。两个小孔的例子清楚地表明了这一点，电子或光子似乎穿过了两个小孔。因此，用旧的经典方法来描述电子或光子的路程不可能解释这个结果。

当然，我们必须假定像电子或光子穿过小孔那样的基本作用的存在。物质和能量的基本量子的存在是不容怀疑的，不过基本定律肯定不能按照简单的经典力学方式通过指明任一时刻的位置和速度来表述。

因此，我们要另辟蹊径。我们不断重复同一基本过程，将电子一个个沿着小孔方向射去。这里使用"电子"一词只是为了明确，我们的论证也适用于光子。

以完全相同的方式不断重复这个实验，所有电子都有同样的速度，且朝着两个小孔的方向运动。不用说，这是一个理想实验，它无法实际做出来，但很容易想象。我们不能像枪发射子弹那样在给定时刻把单个电子或光子发射出去。

重复实验所得到的结果一定还是：一个小孔时出现亮环和暗环，两个小孔时出现亮带和暗带。但有一个重要差异：就单个电子而言，实验结果是无法理解的；如果实验重复许多次，就更容易理解了。我们现在可以说：落有很多电子的地方就会出现亮带，电子落得较少的地方就成为暗带，全黑的斑点意味着没有电子。当然，我们不能假定所有电子都穿过了两个小孔中的某一个，否则打开或关闭另一个小孔就不会有什么差别了。但我们已经知道，关闭第二个小孔的确会造成差别。由于粒子是不可分的，我们也不能假定它同时穿过了两个小孔。多次重复这个实验指出了另一条出路：也许有些电子穿过了第一个小孔，另一些电子穿过了第二个小孔。我们不知道某个电子为什么会选择这个或那个小孔，但重复实验的最终结果一定是：两个小孔都参与了把电子从发射源传到屏幕去的工作。如果我们只说重复实验时一群电子发生的事情，而不在意单个电子的行为，那么环图与带图的差别就变得可以理解了。通过对一系列实验进行讨论，一个新的观念诞生了，即集体中个体的行为是不可预知的。我们无法预言某一个电子的路径，但可以预言屏幕上最终会出现亮带和暗带。

我们暂且不谈量子物理学。

在经典物理学中我们看到，已知质点在某一时刻的位置和速度以及受到的作用力，就可以预言它未来的路径。我们也看到了力学观是如何被应用到物质的运动论中去的。但是在这个理论中，一个新的观念从我们的推理中产生了。彻底掌握这种观念有助于理解以后的论证。

假定有一个充满气体的容器。要想追踪每一个粒子的运动，必须先找到它的初始状态，即所有粒子的初始位置和速度。即使这样做是可能的，一个人终其一生也无法把结果记在纸上，因为所要考察的粒子实在太多了。试图用已知的经典力学方法来计算粒子的最终位置，困难是无法克服的。虽然原则上可以用计算行星运动时使用的那种方法，但它实际上于事无补，最终必须让位于**统计方法**。统计方法不需要对初始状态有确切了解。我们对系统在任一时刻的情况知之甚少，因此不大能谈论它的过去或未来。我们不再关心个体气体粒子的命运，我们的问题有了不同性质。例如，我们不问："此时每一个粒子的速度是多少？"但可能会问："有多少粒子的速度介于 1000 － 1100 英尺每秒？"我们对个体毫不关心，只想确定代表整个集体的平均值。显然，统计的推理方法只适用于由大量个体组成的体系。

我们无法通过运用统计方法来预言集体中某个个体的行为，而只能预言个体有多少机会（**几率**）以某种特定的方式行为。如果统计定律告诉我们有 1/3 的粒子的速度介于 1000 － 1100 英尺每秒，那就意味着，对大量粒子重复进行观察就会得到这个平均值；或者说，在这个速度范围内找到一个粒子的几率是 1/3。

同样，知道整个社会的婴儿出生率并不意味着知道个别家庭是否生了孩子。在统计结果中是看不出个体的贡献的。

通过观察大量汽车牌照，我们很快就会发现，有 1/3 的牌照号码可以被 3 除尽。但我们无法预言下一时刻通过的汽车的牌照号码是否具有这个性质。统计定律只适用于巨大的集体，而不能用于其个体成员。

现在我们可以回到量子问题了。

量子物理学的定律是统计性的。也就是说，它们所涉及的并非单个系统，而是多个相同系统的集合；要想验证这些定律，不能通过测量某个个体，而只能通过一系列重复测量。

量子物理学试图为从一种元素自发转变为另一种元素的许多现象提出定律，放射性衰变便是这些现象之一。例如我们知道，1 克镭经过 1600 年会衰变一半，剩下一半。我们可以预言在接下来的半小时内，大约有多少原子会衰变，但即使在理论描述中，我们也无法说明为什么发生衰变的恰好是这些原子。根据我们目前的知识，我们无法指出具体是哪些原子注定会发生衰变。一个原子的命运并不依赖于它寿命的长短。没有任何迹象表明有什么定律决定着它们的个体行为。我们只能就大量原子的聚集提出它们服从的统计定律。

再举另一个例子。把某种元素的发光气体置于分光镜前，具有特定波长的谱线显现出来。出现一组不连续的、具有特定波长的谱线，这是存在基本量子的原子现象的典型特征。但这个问题还有另一层面：有些谱线非常明晰，其他则较为模糊。清晰的谱线意味着属于这一波长的光子发射出来的数目较多，模糊的谱线则意味着属于这一波长的光子发射出来的数目较少。理论再次只给出了统计性的描述。每一条谱线都相应于从较高能级到较低能级的一次跃迁。理论只告诉我们这些可能的跃迁当中每一个的几率有多大，而对某个特定原子的实际跃迁不置一词。这种理论之所以很管用，是因为所有这些现象都涉及巨大的集合体，而不涉及单个的个体。

初看起来，这种新的量子物理学与物质的运动论似乎有些相似，因为二者都是统计性的，而且都与巨大的集合体有关。但实际情况并非如此。在这个类比中，不仅要理解相似性，而且要理解差别，这是很重要的。物质的运动论与量子物理学之间的相似性主要在于它们的统计性。但差别何在呢？

如果我们想知道某个城市里年龄超过20岁的男人和女人有多少，就必须让每位公民填写一张列有性别、年龄等栏目的表格。只要内容填得准确，我们对其加以计数和分类，就可以得到统计结果。表格中的个人姓名和地址并不重要。我们的统计观点是通过了解个体案例而得到的。同样，在物质的运动论中，支配集体行为的统计定律是根据个体定律而得到的。

但是在量子物理学中，情况就完全不同了。这里的统计定律是直接给出的，个体定律不予考虑。在两个小孔和一个光子或电子的例子中我们已经看到，不能像在经典物理学中那样去描述基本粒子在空间和时间中的可能运动。量子物理学放弃了基本粒子的个体定律，而去**直接**陈述支配集体的统计定律。根据量子物理学，我们不能像在经典物理学中那样去描述基本粒子的位置和速度，或者预言它未来的路径。量子物理学只讨论集体，它的定律是关于集体而不是关于个体的。

迫使我们改变旧的经典看法的是亟需，而不是思辨或好奇心。我们只就衍射现象这一个例子概述了应用旧观点的困难，当然还可以引述其他许多同样令人信服的例子。在力图理解实在的过程中，我们不得不持续改变看法。至于我们选择的是否是唯一可能的出路，以及是否能够找到更好的办法来解决困难，只有未来才能决定。

我们不得不放弃把个体情况当作空间和时间中的客观事件来描述，不得不引入统计性的定律。这些是现代量子物理学的主要特征。

以前，在介绍电磁场和引力场等新的物理实在时，我们试图用一般术语来说明那些从数学上表述观念的方程的典型特征。现在我们也要对量子物理学如法炮制，只是非常简要地提到玻尔、德布罗意、薛定谔、海森伯（Heisenberg）、狄拉克（Dirac）和玻恩（Born）等人的工作。

我们来考察一个电子的情形。电子可能受一个任意的外部电磁场的影响，也可能不受任何外界影响。例如，它可以在一个原子核的场中运动，也可以在一个晶体上发生衍射。量子物理学教我们如何就这些问题写出数学方程。

我们已经认识到，振动的弦、鼓膜、管乐器或任何其他声学仪器与辐射的原子之间存在着相似性。在支配声学问题的数学方程与支配量子物理学问题的数学方程之间也有某种相似性。但是对于在这两种情形中确定的量的物理解释又是截然不同的。虽然方程式有某种形式上的相似性，但描述振动弦的物理量与描述辐射原子的物理量却有着完全不同的含义。以振动弦为例，我们要问弦上任意一点在任一时刻偏离了正常位置多少。知道了某一时刻振动弦的形状，我们就知道了想要知道的一切东西。我们可以由弦的振动方程计算出它在任一其他时刻与正常位置的偏差。弦上每一点都对应于与正常位置的某个确定的偏差，这一事实可以更严格地表达为：对于任何时刻而言，对正常位置的偏差都是弦的坐标的**函数**。弦上各点组成了一个一维连续区，而偏差就是在这个一维连续区中定义的函数，可由弦的振动方程计算出来。

与此类似，在电子的例子中，对于空间中任一点和任一时刻也可以确定某个函数。我们将把这个函数称为**几率波**。在我们的类比中，几率波对应于声学问题中与正常位置的偏差。某一时刻的几率波是三维连续区的函数；而在弦的例子中，某一时刻的偏差则是一维连续区的函数。几率波构成了我们关于相关量子系统的知识目录，凭借它我们能够回答与这个系统有关的所有合理的统计问题。它并未告诉我们电子在任一时刻的位置和速度，因为这样的问题在量子物理学中没有意义。但它可以告诉我们在某一点上遇到电子的几率，或者在什么地方遇到电子的机会最大。结果不只涉及一次测量，而是涉及多次重复测量。就这样，量子物理学方程决定了几率波，就像麦克斯韦方程决定了电磁场，引力方程决定了引力场一样。量子物理学的定律同样是结构定律。但这些量子物理学方程所确定的物理概念的意义远比电磁场和引力场抽象，它们只是给出了回答统计性问题的数学方法。

到此为止，我们只考察了某个外场中的电子。倘若考察的不是电子这种最小的电荷，而是包含着数十亿电子的某个可观的电荷，我们就可以不理会整个量子理论，仍然按照旧物理学来讨论问题。在谈到导线中的电流、带电导体、电磁波等内容时，可以运用包含在麦克斯韦方程中的旧的简单物理学。但在谈到光电效应、谱线强度、放射性、电子波的衍射以及显示出物质和能量的量子性的其他诸多现象时，就不能这样做了。这时我们应当"更上一层楼"。在经典物理学中，我们谈到了单个粒子的位置和速度，而现在，我们必须考虑与这个单粒子问题相对应的三维连续区中的几率波。

如果我们学过如何从经典物理的观点来处理问题，我们就更能体会量子力学在处理类似问题时有其自身的规定。

对于一个基本粒子来说，比如电子或光子，把实验重复多次就会得到三维连续区中的几率波，它刻画了系统的统计行为。那么，如果不是一个粒子，而是有两个相互作用的粒子，比如两个电子，一个电子和一个光子，或者一个电子和一个原子核，情况又将如何呢？正因为它们有相互作用，所以我们不能将它们分开来讨论，而是用三维的几率波来描述其中的每一个。事实上，在量子物理学中如何描述由两个相互作用粒子所组成的系统，这并不难设想。我们不得不下一层楼，暂时回到经典物理学。空间中两个质点在任一时刻的位置都由六个数来刻画，每一个质点有三个数。这两个质点的所有可能位置构成了一个六维连续区，而不是像一个质点那样构成三维连续区。如果我们现在又上了一层楼回到量子物理学，我们就有了六维连续区中的几率波，而不像一个粒子那样是三维连续区中的几率波。同样，在三个、四个和更多个粒子的情况下，几率波将是九维、十二维和更多维连续区中的函数。

这清楚地表明，几率波要比存在和散布于我们三维空间中的电磁场和引力场更抽象。多维连续区构成了几率波的背景，只有在单个粒子的情况下，连续区的维数才等于物理空间的维数。几率波唯一的物理意义就在于，它既能使我们回答单个粒子情况下的统计问题，也能使我们回答多个粒子情况下的统计问题。例如我们可以问：在某个特定位置遇到一个电子的几率是多大？而对于两个电子，我们的问题可以是：在某一时刻两个粒子处于两个特定位置的几率是多大？

我们远离经典物理学的第一步是放弃把个体情况当作空间和时间中的客观事件来描述。我们被迫采用了几率波所提供的统计方法。一旦选择这个方法，我们就不得不继续朝着抽象的方向迈进。因此，必须引入与多粒子问题相对应的多维几率波。

为简便起见，我们把除量子物理学以外的一切物理学都称为经典物理学。经典物理学完全不同于量子物理学。经典物理学的目的是对空间中的物体进行描述，并提出支配物体随时间变化的定律。然而，揭示物质和辐射的粒子性和波性的现象，以及放射性衰变、衍射、发射谱线等明显具有统计性质的基本现象，都迫使我们放弃这个观点。量子物理学的目的并不是描述空间中的个别物体及其随时间的变化。像"这是一个如此这般的物体，它具有如此这般的性质"这样的说法在量子物理学中是没有立足之地的。我们会说："个别物体是如此这般的且具有如此这般的性质，这有如此这般的几率。"在量子物理学中，支配个别物体随时间变化的定律是没有地位的，我们所拥有的定律支配的是几率随时间的变化。只有这个由量子理论引入物理学的根本转变才能使我们恰当地解释现象世界中具有明显不连续性和统计性的事件。在这些现象中，物质和辐射的基本量子揭示了不连续性和统计性的存在。

　　然而，新的更困难的问题又产生了，这些问题直到现在也没有完全解决。我们只提这其中的几个问题。科学不是也永远不会是一本写完的书，每一项重大进展都会引出新的问题，每一次发展都会揭示出更深的困难。

　　我们知道，在一个粒子或多个粒子的简单情形中，我们可以从经典描述提升到量子描述，从客观描述空间与时间中的事件提升到几率波。但我们还记得在经典物理中极为重要的场的概念。如何来描述物质的基本量子与场的相互作用呢？如果对十个粒子作量子描述需要用三十维的几率波，那么对一个场作量子描述就需要用无限维的几率波了。从经典的场概念转移到量子物理学中相应的几率波问题是非常困难的一步。这里上一层楼绝非易事。迄今为止，解决这个问题的所有努力都不尽人意。还有另一个基本问题。在关于从经典物理学转向量子物理学的所有论证中，我们都使用了旧的非相对论描述，对时间和空间作了不同处理。但如果想从相对论提出的那种经典描述开始，要上升到量子问题就显得更为复杂了。这是现代物理学要对付的另一个问题，但距离令人满意的圆满解决还很远。还有一个困难是对构成原子核的重粒子建立一种一致的物理学。虽然已经有很多实验数据去阐明原子核问题，人们也作了很多努力，但对于这个领域中一些最基本的问题，我们还是看不清楚。

　　毫无疑问，量子物理学解释了大量不同事实，大多数情况下，理论与观察都极为一致。新的量子物理学让我们进一步远离了旧力学观，由当下返回之前的状况比此前任何时候都更不可能。但同样毫无疑问的是,量子物理学仍应基于物质和场这两个基本概念。在此意义上,它是一种二元论,对于我们那个老问题,即把一切事物都归结为场的概念没有丝毫帮助。

未来的发展是沿着量子物理学所选定的路线前进,还是更有可能把新的革命性观念引入物理学呢? 前进的道路会像过去常常发生的那样来个急转弯吗?

近年来,量子物理学的全部困难一直集中在几个要点上。物理学正焦急等待着它们的解决。但我们无法预言这些困难将在何时何地得以攻克。

7. 物理学与实在

本书只是粗线条地勾勒了物理学的发展,描述了最基本的观念,从中可以得出什么样的一般结论呢?

科学并不是一堆定律,或者不相关事实的目录,而是人类心灵的创造,有着自由发明的观念和概念。物理理论试图形成一幅实在图景,并且建立它与感官印象世界的联系。因此,我们的这些心灵构造是否正当,仅仅取决于我们的理论是否以及以何种方式形成了这样一种联系。

我们看到,物理学的进展已经创造了新的实在。但这条创造之链可以追溯到物理学的起点之前很远。最原始的概念之一是物体。一棵树、一匹马乃至任何物体的概念都是经验基础上的创造,虽然与物理现象的世界相比,产生它们的印象还很原始。猫捉弄老鼠,也是在用思想创造它自己的原始实在。猫以类似的方式对付所有遇到的老鼠，这表明它形成了概念和理论，把它们作为自己感觉印象世界中的准则。

"三棵树"与"两棵树"有些不同。而"两棵树"又不同于"两块石头"。纯粹的数 2、3、4……的概念产生于物体，又不受物体约束，它们是思想心灵的创造，描述的是现实世界。

凭借心理上对时间的主观感觉，我们对印象进行整理，说一个事件先于另一个事件。但通过钟把每一个时刻与一个数联系起来，把时间看成一个一维连续区，已经是一项发明。欧几里得几何和非欧几何的概念以及空间被视为三维连续区也都是发明。

物理学实际上是从发明质量、力和惯性系开始的。所有这些概念都是自由发明，由它们引出了力学观。19 世纪初的物理学家会认为，我们实际的外部世界是由粒子和其间只与距离有关的简单作用力构成的。他会尽可能长地保持自己的信念，认为凭借这些关于实在的基本概念，他定能成功地解释一切自然事件。与磁针偏转和以太结构有关的困难都促使我们创造出一种更为精妙的实在。电磁场的重大发明出现了。对于整理和理解事件而言，重要的不是物体的行为，而是介于物体之间的场的行为。要想充分认识到这一点，需要大胆的科学想象力。

后来的发展既摧毁了旧概念，又创造了新概念。绝对时间和惯性坐标系被相对论抛弃了。所有事件的背景不再是一维的时间连续区和三维的空间连续区，而是具有新的变换性质的四维时—空连续区，这又是一项自由发明。我们不再需要惯性坐标系，任何一个坐标系对于描述自然事件都同样适用。

量子理论同样为实在创造了新的本质特征：不连续性取代

了连续性；出现的不再是支配个体的定律，而是几率的定律。

现代物理学创造的实在与昔日的实在相距甚远，但每一物理理论的目的仍然相同。

我们试图凭借物理理论找到一条道路，穿过观测事实的迷宫，整理和厘清我们的感官印象世界。我们希望观测到的事实能从我们的实在概念中逻辑地推出来。倘若不相信我们的理论构造能够把握实在，不相信我们世界的内在和谐，就不会有科学。这种信念是而且永远是一切科学创造的根本动机。在我们的所有努力中，在新旧观点每一次戏剧性的斗争中，我们都看到了寻求理解的永恒渴望以及对我们世界和谐性的坚定信念。理解上的障碍越多，这种渴望和信念就越强。

总结：

原子现象领域的种种事实再次迫使我们发明新的物理概念。物质有一种颗粒结构，它由物质的基本量子或基本粒子所构成。于是，电荷有一种颗粒结构，从量子理论的观点来看，最重要的是能量也有颗粒结构。光子是光所由以构成的能量子。

光是波还是光子？电子束是基本粒子还是波？实验迫使物理学思考这些基本问题。在寻求解答时，我们不得不放弃把原子事件描述成空间和时间中的事件，不得不进一步远离旧的力学观。量子物理学所提出的定律支配的不是个体而是集体，描述的不是特性而是几率，不是揭示系统的未来，而是支配着随时间的变化的几率，与个体的大量聚集相关联。

透过显微镜看到的布朗粒子
（F. Perrin摄）

长时间曝光拍摄下来的一个布朗粒子
（Brumberg和Vavilov摄）

观察到的其中一个
布朗粒子的连续位置

由这些连续位置
平均得到的路径

附图I

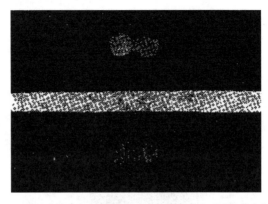

上面的照片是两束光穿过两个紧挨着的小孔之后形成的光斑
（先打开一个小孔，然后把它遮住再打开另一个）。
下面的照片是让光同时穿过两个小孔所形成的条纹。
（V. Arkadiev摄）

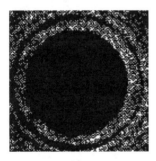 

绕过小障碍物的光的衍射　　　　穿过小孔的光的衍射
（V. Arkadiev摄）　　　　　　　（V. Arkadiev摄）

附图 II

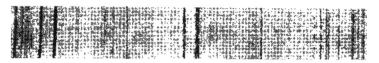

光谱线

（A. G. Shenstone摄）

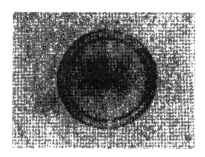

X–射线的衍射

（Lastowiecki和Gregor摄）

电子波的衍射

（Loria和Klinger摄）

附图 III

译后记

《物理学的进化》是由著名物理学家阿尔伯特·爱因斯坦和利奥波德·英费尔德合作出版的科普经典读物，介绍了物理学从伽利略、牛顿时代的经典理论到现代场论、相对论和量子理论的发展演化历程，引导读者思考其背后涉及的哲学思想和观念的变化。它面向普通公众，避免使用任何数学公式，对物理学基本观念的解释非常清晰和生动，堪称爱因斯坦最优秀的科普著作。虽然由于出版较早，书中没有谈及物理学的一些最新发展，而且包含着爱因斯坦本人的一些思辨和猜测，但正如英费尔德所说："本书只讨论物理学的重要观念，它们本质上没有变化，所以无需对书中内容作出修改。"

爱因斯坦之所以答应合作编写此书，部分原因是为了在经济上帮助英费尔德。英费尔德是一个从波兰逃出来的犹太物理学家，曾在剑桥与物理学家马克斯·玻恩合作过一段时间，然后到了普林斯顿，协助爱因斯坦研究物理学。爱因斯坦试图帮助英费尔德在普林斯顿高等研究院找到一个永久性职位，但没有成功。英费尔德因此想到或许可以与爱因斯坦合作出版一本物理学史的大众读物，并认为肯定能取得成功，版税与爱因斯坦平分即可。当他找到爱因斯坦吞吞吐吐地表明了自己的想法之后，爱因斯坦说:"这主意不错,很不错呢!""我们来干吧。"事实证明,英费尔德的想法是完全正确的。该书最初由剑桥大学出版社在1938年出版,并获得了大众的广泛好评。据《爱因斯坦传》的作者沃尔特·艾萨克森说,《物理学的进化》到现在已经印刷了44版。

1945年,商务印书馆即出版了刘佛年先生译述的《物理学的进化》繁体竖排中译本。1962年,上海科技出版社又出版了周肇威先生翻译的中译本,后来该译本由湖南教育出版社在1998年再版。在主编《世界科普名著译丛》的时候,《物理学的进化》是我最先想到必须收入的名著之一,是几乎每一位物理爱好者的必读书。我读本科时,阅读这本书给我带来了极深的印象和极大的享受。不知为什么,周肇威先生的中译本已经绝版十多年,市面上早已买不到,而且译文中也包含着一些小错误和语词啰嗦的地方。故此,我参考周肇威先生的旧译,满怀对此书的感激和崇敬之情重新翻译了此书,希望能使更多读者欣赏到物理学的奥妙和乐趣。

张卜天

2016年1月4日

图书在版编目（CIP）数据

物理学的进化 /（美）阿尔伯特·爱因斯坦，（波）利奥波德·英费尔德著；张卜天译 . —北京：商务印书馆，2019（2024.11 重印）

（世界科普名著译丛）

ISBN 978-7-100-16568-6

Ⅰ.①物… Ⅱ.①阿… ②利… ③张… Ⅲ.①物理学史—世界 Ⅳ.① O4-091

中国版本图书馆 CIP 数据核字（2018）第 198155 号

世界科普名著译丛

物理学的进化

〔美〕阿尔伯特·爱因斯坦　　著
〔波〕利奥波德·英费尔德

张卜天　译

商　务　印　书　馆　出　版
（北京王府井大街 36 号　邮政编码 100710）
商　务　印　书　馆　发　行
北京通州皇家印刷厂印刷
ISBN 978 - 7 - 100 - 16568 - 6

2019 年 1 月第 1 版　　　开本 850×1168　1/32
2024 年 11 月北京第 9 次印刷　　印张 7½

定价：42.00 元